数学的魔法

生活中无处不在的数学智慧

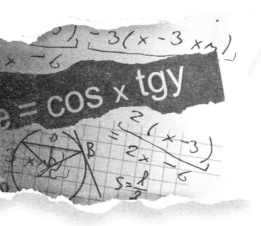

刘炯朗　著

Mathematical Magic

团结出版社

图书在版编目（ＣＩＰ）数据

数学的魔法：生活中无处不在的数学智慧／刘炯朗
著．－－ 北京：团结出版社，2017.4
ISBN 978-7-5126-4985-9

Ⅰ.①数… Ⅱ.①刘… Ⅲ.①数学－青少年读物
Ⅳ.①O1-49

中国版本图书馆 CIP 数据核字 (2017) 第 041256 号

著作权合同登记号：图字: 01-2017-0329

出　版：团结出版社
　　　　（北京市东城区东皇城根南街 84 号　邮编：100006）
电　话：(010) 65228880　65244790
网　址：www.tjpress.com
E—mail：65244790@163.com
经　销：全国新华书店
印　刷：三河市兴达印务有限公司

开　本：900×1270　1/32
印　张：8
字　数：169 千字
版　次：2017 年 4 月　第 1 版
印　次：2017 年 4 月　第 1 次印刷

书　号：978-7-5126-4985-9
定　价：32.80 元
　　　　（版权所属，盗版必究）

前言：宝藏无限大，一切"从零讲起"

从2005年秋天起，我在新竹IC之音广播电台（FM97.5）主持一个独白式谈话节目《我爱谈天你爱笑》，其内容由时报出版公司整理出书，本书是这个系列的第9本。

关于节目内容的选择，我的的确确常常天马行空、随心所欲地找一些自己有兴趣的题目，尽量对之加以学习、探索和思考，并且以达到"敢站在学生面前大声讲"的理解程度为目标。

对于我的第9本书，可能有人会说："这本书讲了很多数学，看起来似乎比较难懂。"我的"遁词"和我其他的书一样：我讲的都是有趣的故事，天文、物理、经济、法律、诗词、流行歌曲，一律兼收并蓄、细大不捐。

其实，数学里有许多观念都是靠直觉的，尤其在广播节目里，没有黑板，没有投影片，所以我也以"光听就能懂"为原则，书中的方程式和图片都是后来加上去的，为了让读者可以挖到最大的宝藏，我一切"从零讲起"，更清楚地解释书中论述所及的内容。

无论节目或书的内容，都没有特定对象，不过我都尝试从"零"讲起，不预设任何门槛或背景。相信这些内容，从刚刚参加初中会考的"毛头小子"到"老妪老翁"都能够解读。

我曾经用一个譬喻来阐述教育的三个"面向"（容我强调是"面向"，不是"层次"）。

有一个宝藏，里面有许多美丽、珍贵的珠宝，老师牵着学生的手一步步向宝藏走去，这就是"灌输"（instruction）；老师也可以给学生一张地图，让他按着地图往宝藏走去，这就是"引导"（introduction）；又或者老师也可为学生描述这些珠宝如何美丽、珍贵，让学生自己去找方向，以自助旅行的方式，走到宝藏的所在，这就是"激发"（inspiration）。

我衷心希望这本书能"激发"出读者对数学里、数学外一些事物的兴趣。

目录

日常生活中隐藏的数学

魔术中的数学逻辑

识破博弈背后的数学规律

练好数学基本功

日常生活中隐藏的数学

P A R T

1

从绵延不绝的兔宝宝到斐波那契数列

谁是海盗船上的幸运儿

美国运动员潜力的数据分析

"茶壶原理"：用已知推算未知

在数学里，有个有用且常用的解题法——"茶壶原理"（Tea Kettle Principle），这和清末民初国学大师辜鸿铭先生的"茶壶理论"无任何关联。

话说有一位工程师和一位数学家，同时被要求解答下列问题。

问题A：在厨房地板上，有一个空的茶壶，请提供一个方法，煮一壶开水来泡茶。

工程师回答：把茶壶提起来，打开水龙头装满水，将茶壶放在炉子上，点燃炉火，静待水被烧开；数学家说：我的方法也一样。

接着，他们被要求解答下列问题：

问题 B：炉子上放着一个茶壶，里面装满水，请提供一个方法，煮一壶开水来泡茶。

工程师回答说：点燃炉火，静待水被烧开；数学家说：把茶壶从炉子上提起来，把茶壶里的水倒光，再把空的茶壶放在厨房地板上，于是，问题 B 就化成已经知道怎样解答的问题 A 了。

这虽然是一个笑话，但是把待解答的问题化成已经解答的问题，却是在数学、科学里，甚至在生活里，有用而且常用的方法。

这就是"茶壶原理"。

01 从数学家的思维出发

让我再多说一点，和上述笑话类似的例子还有很多。

比如，林先生有一位从香港来的朋友，打电话问林先生怎样从台北火车站到 101 大楼。林先生详细地一步一步为他说明如何坐捷运、转公交车、再走路；果然一切顺利。第二天，香港朋友又打电话问他如何从东区诚品到 101 大楼。

林先生说您就坐出租车从东区诚品到台北火车站，在台北火车站再按照我昨天告诉您那条路线走就对了。

这就是把一道待解答的问题，化成一道已经知道如何解答的问题。关于个中奥妙，我就不用再多费唇舌了，这就是"茶壶原理"。

有人问老先生："您今年贵庚？"老先生说："我40岁时，我的小儿子出生。"那人继续问："那么您小儿子今年几岁？"老先生答："他比邻居的张博士小5岁。""那么张博士今年几岁了？"老先生答："张先生属狗，刚从美国拿了博士学位回来。"

假设今年是2012年，属狗的是78、66、54、42、30、18或者6岁，所以，张博士应该是30岁，老先生的小儿子是25岁，老先生是25＋40＝65岁。

在这个问题当中，我们先把老先生是几岁的问题，化成他小儿子是几岁的问题，再把他小儿子是几岁的问题，化成张博士是几岁的问题。当我们找出张博士是几岁，就可以解答小儿子是几岁，然后就可解答老先生是几岁了。

上述例子指出应用"茶壶原理"的两个要点：第一，我们先把一道待解答的问题，化成另一道待解答的问题；第二，最终我们要把一道待解答的问题，化成另一道已经知道如何解答的问题。

这两个要点也可以用两句成语来描述：第一，前事不忘，后事之师；第二，饮水思源。可不是贴切得当吗？

让我再讲一个故事。有位美国数学家想在中文期刊发表一篇他用英文写的论文，因此，他请好友高教授帮忙将论文翻成中文。高教授把论文翻译完成后，这位美国数学家觉得应该在论文里加一个脚注：作者要感谢高教授的帮忙——把这篇论文翻译成中文。但是，他又不懂得怎样用中文写这个脚注，只好先用英文把脚注写好，再请高教授翻成中文。高教授把脚注翻成中文后，这位非常严谨的数学家觉得应该再加一个脚注：感谢高教授帮忙将脚注翻成中文。但他还是只能用英文把这个脚注写下来，拿去请高教授翻译成了中文。这么一来，问题来了，他还是必须再度感谢高教授帮忙翻译这个脚注吗？这岂不是没完没了吗？

对一个通晓"茶壶原理"的数学家来说，小事一桩，他会先请高教授翻译"作者要感谢高教授的帮忙，把这篇论文翻译成中文"这句话。再请高教授翻译"作者要感谢高教授的帮忙，把前面的脚注翻成中文"这句话。最后，自己把这句话的中文翻译"作者要感谢高教授的帮忙，把前面的脚注翻成中文"抄一次，就可以把他要表达的感谢之意全部说清楚了。

02 用数列轻松倒推薪水、存款或预算数

故事讲完了，让我讲一点数学。有一连串数字，a_1、a_2、a_3、a_4……a_{n-1}、a_n……，假设每一个数字都等于它前面那个数字加3，也就是 $a_n = a_{n-1} + 3$。换句话说，如果我们要决定第n个数字是多少，我们只要知道第n-1个数字是多少，就可以把第n个数字算出来了。这可不正是"茶壶原理"的应用吗？

那么接下去，第n-1个数字是多少呢？我们只要知道第n-2个数字是多少就可以了，这又是"茶壶原理"的应用。

一路倒推下去，第二个数字是多少呢？是第一个数字加3，因此，只要知道第一个数字 a_1，如果 $a_1 = 19$，那么就可以知道 $a_2 = 19 + 3$，以此类推 a_3、a_4……a_{n-1}，最后可得出：$a_n = a_{n-1} + 3$。

举例来说，一个员工的薪水，每个月加500元，您想知道他9月的薪水吗？只要看8月的薪水单加500元就行，如果您要知道8月的薪水，那只要看7月的薪水单加500元就行。这样倒推下去，只要有某一个月的薪水单，一切问题就都解决了。这就是"等差级数"，或者叫做"算术级数"，就是在以前我们学过的一连串数字 a_1、a_2、a_3、a_4……a_{n-1}、a_n后面加上d：

$$a_2 = a_1 + d,\ a_3 = a_2 + d \cdots\cdots a_n = a_{n-1} + d。$$

那时，我们一步一步往前推，现在我们学会了"茶壶原理"，就可一步一步往后推，$a_n = a_{n-1} + d$，$a_{n-1} = a_{n-2} + d$……，$a_2 = a_1 + d$，往前推、往后推都是同一回事，如果您懒得往前推、往后推，简化成一个公式就是：

$$a_n = a_1 + (n-1)d$$

让我趁这个机会也提一下大家也都学过的：有一连串数字 a_1、a_2……a_{n-1}、a_n，另外 r 是一个常数，$a_n = r \times a_{n-1}$，$a_{n-1} = r \times a_{n-2}$……$a_2 = r \times a_1$。要算出 a_n，可以一步一步往后推到 a_1，这我们在中学也学过，叫做"等比级数"或者"几何级数"，那时是一步一步往前推，$a_2 = r \times a_1$，$a_3 = r \times a_2$……$a_n = r \times a_{n-1}$，往后推、往前推都是同样一回事，简化成一个公式就是：

$$a_n = r^{n-1} \times a_1$$

大家还记得如何用复利计算银行的存款吗？

如果利率是每月3%，那么第12个月的存款总数是1.03乘第11个月的存款总数，也就是 $a_{12} = 1.03 \times a_{11}$，接下来，$a_{11} = 1.03 \times a_{10}$，$a_{10} = 1.03 \times a_9$，这正是依照"茶壶原理"来算。当然直接来算也可以：

$$a_{12} = 1.03^{11} \times a_1$$

有一个政府机关编预算，每年的预算是去年预算的65%加上前年预算的45%，所以，我们可以用 $a_n =$

$0.65 \times a_{n-1} + 0.45 \times a_{n-2}$ 这么一个公式来表达。换句话说，如果我们要知道今年的预算是多少，只要知道去年的预算和前年的预算，就可以算出今年的预算。那么去年的预算是多少呢？只要知道前年和大前年的预算就可以算出来。这正是"茶壶原理"的推广，把一道要解答的问题，化成两道已经知道如何解答的问题，这样倒推回去，我们只要知道最开始第一年和第二年的预算，接下来每年的预算就可以一一算出来了。

03 从绵延不绝的兔宝宝到斐波那契数列

让我再举一个例子，讲一道数学上古老有名的题目：一对刚出生的兔子，一个月后就发育成熟，发育成熟的兔子，每个月会生一对兔子，源源不绝。请问n个月后有多少对兔子？

让我们从头开始算起：

第1个月，有一对兔子刚出生；

第2个月，这对兔子发育成熟了；

第3个月，上个月发育成熟的兔子，生下一对兔子，因此一共有2对兔子；

第4个月，上个月发育成熟的兔子，生下一对

兔子，上个月出生那对兔子发育成熟了，因此总共
有3对兔子；

　　第5个月，上个月有2对成熟的兔子，各生下
一对兔子，加上上个月出生的兔子，因此一共有5
对兔子；

　　那么，第6、第7、第8个月呢？

　　就让我们直接算算第n个月有多少对兔子吧。

　　第n–1个月的兔子里，有的刚出生，有的则是发育成
熟的，因此，第n个月的兔子总数等于第n–1个月的兔子数
目，加上在第n–1个月已经发育成熟兔子的数目，那么在第
n–1个月里，已经发育成熟兔子的数目是多少呢？那不正是
第n–2个月里，所有兔子的总数吗？因此，我们得到了一个
方程式：

$$a_n = a_{n-1} + a_{n-2}$$

第n个月兔子的总数，等于第n–1个月兔子的总数再加上
第n–2个月兔子的总数。这可不正是"茶壶原理"的应用吗？

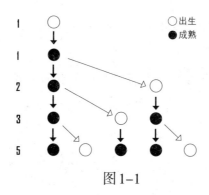

图 1-1

图 1-1 呈现了从第一个月有一对刚出生的兔子开始，生生不息繁衍的情形。

这样一来，我们就知道，既可以一步一步向后推，也可以一步一步向前推，从第一个月有一对刚出生的兔子，第二个月有一对已经成熟的兔子开始，1＋1＝2，1＋2＝3，2＋3＝5，3＋5＝8，就可以一路算下去了。

1、1、2、3、5、8、13、21、34……这一连串的数字叫做"斐波那契数列"（Fibonacci Sequence），它有很多很多有趣的数学性质。假如您不要一步一步向前推或者往后推，也有一个公式可以用：

$$a_n = \frac{1}{\sqrt{5}}\left(\frac{1+\sqrt{5}}{2}\right)^n - \frac{1}{\sqrt{5}}\left(\frac{1-\sqrt{5}}{2}\right)^n$$

04 按高矮排列

"茶壶原理"的基本精神就是用"已知"来解答"未

知"，很多看似复杂、困难的问题，透过分解、重复等动作，就变得简单和容易了。

操场上有64个学生，要按照高矮排成一列。首先，我们只有一个关键动作：比较两个人的身高，决定哪个高、哪个矮。我们可以这样做：

先把32个人按照身高排成一列，叫做A，再把另外32个人按照身高排成一列，叫做B。接下来，把A列里最高的人和B列里最高的人，叫出来比较一下，让较高的那个人出列，因为他是64个人里最高的；接着，重复上述步骤，在剩下的A列和B列里，让最高那个人出列，因为他是剩下来的人里最高的了，这样逐步比下去，最后就可以顺利把64人按照高矮排成一列了。

但是，首先，如何把这32个人按照高矮分别排成A和B列呢？

我们可以先把32个人分成两组各16个人，再按照高矮分别把这两组人排成两列，然后，按照前面的方法，把这两列合并成按照高矮排成一列32个人。但是，那又如何把16个人按照高矮排成一列呢？只要重复上述步骤，先把16个人分成两组各8个人，分别按照高矮排列。

相信我说到这里，大家就明白了，只要重复运用"茶壶原理"，最后的关键动作就是两个人按高矮排列，这就真的是易如反掌了！

05 谁是海盗船上的幸运儿？

如果有10个人被海盗掳上贼船，海盗的头子说，10个人里，只有一个人能够存活，那么谁可以存活呢？海盗的头子命令他们排成一个圆圈，1、2、3、4、5、6、7、8、9、10，从1开始，绕着圆圈数，每隔一个人把这个人丢到海里去，最后剩下来的一个人，就是唯一存活的人。让我们数数看，从1开始，2被丢到海里，接下来4、6、8、10都一一被丢到海里去了，接下来，然后是3，然后是7，然后是1，然后是9，最后存活下来的是5。

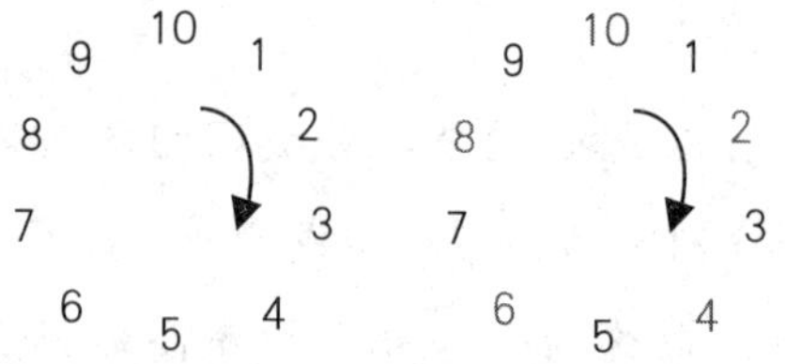

图1-2

这样算起来太复杂了些，我们可以用"茶壶原理"来解这道题：我们从10个人开始，第一轮走了一圈，剩下5个人，那就是原来1、3、5、7、9这5个人；假如我们知道如果从5个人开始，最后剩下来的是第3个人，那么在1、3、5、7、9里剩下来的就是5。

让我们再推广来看：

假如一共有80个人，第一轮走了一圈剩下40个人，那么在这40个人里，存活的是谁呢？再走一圈剩下20个人，那么在这20个人里，存活的是谁呢？再走一轮剩下10个人，我们从上面知道存活的是第5个人，但是这10个人是原来的1、9、17、25、33、41、49、57、65、73号，在这10个人当中，第5个人是原来80人里的第33个人，他就是唯一存活的人。

这个观念明白了，数学的细节我就不一一多说了。下列的公式可以算出最后的存活者，用J（n）代表一开始有n个人时最后存活者的序号。

$J(1) = 1$

$J(2n) = 2J(n) - 1$

$J(2n+1) = 2J(n) + 1$

而且，从这些公式我们可以导出来：

$J(2k + t) = 2t + 1$

例如：

$$J(10) = J(23 + 2) = 2 \times 2 + 1 = 5$$
$$J(14) = J(23 + 6) = 2 \times 6 + 1 = 13$$
$$J(80) = J(26 + 16) = 2 \times 16 + 1 = 33$$

06 文学中的茶壶原理：顶真格

谈到这里，相信大家对数学里的"茶壶原理"已经有了相当的了解和领悟。可是，文学家也不让数学家专美于前；文学修辞中，两个句子里，上一句结尾的几个字，用来作为下一句开始的几个字，叫做"顶真格"（也叫做"流水句"）。例如《木兰诗》里：

军书十二卷，卷卷有爷名。

归来见天子，天子坐明堂。

出门看伙伴，伙伴皆惊惶。

又如林语堂先生说：

宅中有园，园中有屋，屋中有院，院中有树，树上见天，天中有月，不亦快哉！

还有一个可以说是登峰造极的例子：

柳色青，柳色青青，青满城，

满城风雨烟光送，风雨烟光送远行，
远行君向归山路，君向归山路前去，
前去离亭芳草青，离亭芳草青无数，
无数山，山弯水潺湲，
弯水潺湲行路难，行路难时时往还，
往还多是名场客，多是名场客行急，
行急无论多少程，无论多少程千百。
千百人，恋芳春，人恋芳春不似君，
不似君家有老亲，家有老亲常倚闾，
常倚闾，望君马，望君马到金台下，
到金台下桂花香，桂花香报报高堂，
高堂正届稀龄寿，正届稀龄寿春酒，
春酒迟君衣锦倾，迟君衣锦倾金斗，
金斗酌，酌春风，春风人共醉，人共醉融融。

顶真格的句子，具有桥梁、和谐、紧凑、趣味四种特色，可以说是文学里的"茶壶原理"。

Sperner 定理：最公平的分配法

哥哥和弟弟放学回家，妈妈刚烤好一个蛋糕，就拿出刀来，把蛋糕切成两块，一块给哥哥，一块给弟弟。哥哥嘀咕着，埋怨妈妈偏心，给弟弟那块比较大；弟弟也嘀咕着，埋怨妈妈偏心，给哥哥那块比较大。妈妈说，那就让你们自己来选吧！哥哥先选，弟弟马上抗议，哥哥肯定把比较大那一块先选走了。

到底该怎么做，才能皆大欢喜？

01 从切蛋糕到世界和平

妈妈想出了一个主意：先请哥哥把蛋糕切成两块，然后再让弟弟选。这一来，因为是哥哥负责把蛋糕分成两等分的，他会认为他拿到的肯定是整块蛋糕的1/2，因此不会有任何妒忌和埋怨；同时，因为弟弟有优先选择的机会，他也会认为自己拿到整个蛋糕的1/2或以上，因此也不会有任何妒忌和埋怨。

哥哥和弟弟想了一下，都觉得这个办法大家都能接受，这算是对如何平分蛋糕的解答。

但是，如果妈妈在蛋糕上面涂了奶油，有些地方是巧克力奶油，有些地方则是草莓奶油，哥哥比较喜欢巧克力奶油，弟弟比较喜欢草莓奶油，那又该怎么办？此外，如果除了哥哥和弟弟，还有小妹妹也要吃，那又该怎么办？待会儿我会再回过头来讨论这些问题。

在国家、社会、日常生活中，资源、财富、赋税、工作等的分配是政府、企业、家庭、个人经常都要面对的问题，政府如何把年度总预算分配给国防、教育和社会福利等项目，企业如何把公司所有的员工分派到研发、制造和营销等不同部门，大至国家之间如何分配某个小岛附近公海底下的天然资源、二次大战后盟军如何分别占据柏林，小至妈妈如何分配哥哥、弟弟和妹妹去做扫地、收拾房间和遛狗等家务事，要想得到公平、大家都能够接受的结果，往往相当复杂且困难。

因此，数学家建立了一个平分蛋糕的模型来描述和分析这些情景。我们要把一个蛋糕切成n块，分给n个人，每个人对每一块蛋糕有他自己主观判断的价值，说得精准一点，他对每一块蛋糕打一个分数，分数愈高，就表示他愈想分到这块蛋糕。

其中最明显的例子，就是一块蛋糕愈大分数就愈高，但是蛋糕的大小往往是主观的判断，更何况计分也可加上个人喜恶的因素，例如蛋糕上巧克力奶油有多少，草莓奶油又有多少。这些因素对分数的影响，也因人而异。

不过站在数学分析的观点来说，这个分数应该符合两个合理的原则：

第一，一块大小为0的蛋糕的分数一定是0，换句话说，没有人要节食。

第二，把两块蛋糕合成一块，它的分数不会减少，换句话说，每个人都贪吃。

在这个模型的前提下，我们的问题是：怎样公平地把一个蛋糕分给n个人呢？

02 公平千百种，你选哪一种？

首先，我们要问"公平"是什么意思？

"公平"的一个解释是"满足（satisfaction）的公平"，也可以叫做"比例（proportion）的公平"，那就是每个人都认为他得到他该得到的分配。譬如说把一个蛋糕分给n个人，只要每个人都认为他得到了整个蛋糕的1/n，那就是"满足的公平"了。大家分吃一锅饭，只要每个人都认为他吃饱了；把一个总预算分给若干部门，只要每个部门都觉得有足够的款项来执行全年的任务，也都是"满足的公平"。说得精准一点，每个人用自己主观的判断，对自己得到的分配打一个分数，如果这个分数等于或者超过一个已定的分数，他就满足了，而且这分数不一定也不必要是大家一致的。

"公平"的另一个解释是"没有妒忌（envy-free）的公平"，那就是每个人对别人得到的分配都没有妒忌之意，换句话说每个人按照自己的判断，不认为任何人得到的分配比他更好。"没有妒忌的公平"要求的条件比"满足的公平"高，"满足的公平"说：我吃得饱就好了；"没有妒忌的公平"说：我吃得饱，而且别人不能比我吃得更多或者更好。说得精准一点，"没有妒忌的公平"是每个人用自己主观的判断，对所有人得到的分配打分数，别人得到的分数，不比他自己得到的分数高，才是公平。譬如说哥哥分到半块有巧克力奶油的蛋糕，弟弟分到半块有草莓奶油的蛋糕，如果哥哥比较喜欢巧克力奶油，弟弟倒无所谓，那就是"没有妒忌的公平"，但如果反过来，那就不是"没有妒忌的公平"了。

"公平"的另外一个解释是"安心的公平"，那就是每个人对别人得到的分配都心安理得，换句话说，每个人按照自己的判断，不认为别人得到的分配比他差，也就是说，每个人用自己主观的判断，别人得到的分配的分数，不比他自己得到的分配的分数低。

"公平"另外的一个解释是"一致的公平"，如果所有的人用自己主观的判断，替所有的人得到的分配打分数，而这个分数都相同一致的话，那就是一致的公平。譬如大家都认为每个人分配到的蛋糕大小都一样，或者大家都认为每个人分配到的工作都同样要花40小时才能完成，就是"一致的公平"。

让我强调，在解释"公平"这个观念时，一个重要的因素是：若每个人对每一个分配的分数有他自己主观的判断，要如何达到公平的目的，往往是相当复杂的事情。反过来，如果对每一个分配的分数，大家都有一个共同接受的、客观的、量化的判断，例如一块蛋糕以它的重量为分数、一份工作以它的工作时间为分数，"公平"的观念就比较容易理解，"公平"的目的也比较容易达成。

讲完这些架构上的观念，让我们回头具体地讨论怎样平分一个蛋糕。

先让我重复上面讲过的，妈妈如何把一个蛋糕平分给哥哥和弟弟：她先让哥哥把蛋糕切成两块，再让弟弟从两块里选一块。

这个分配法能达到"满足的公平"的目的，因为哥哥认为他的确把蛋糕平分成两块，因此在他心目中，他拿到的确实是一半；另一方面，弟弟认为他在两块蛋糕中选了比较大的一块，因此拿到的会等于或者大于一半。

同时，这个分配法也达到"没有妒忌的公平"的目的，因为在哥哥的心目中，弟弟只拿到一半，不会比他拿到的更多；在弟弟的心目中，哥哥只拿到自己不要的一块，不会比自己拿到的多。

至于这个分配法有没有达到"一致的公平"呢？那就不一定了。虽然毫无疑问地，哥哥认为他得到的是一半，可是弟弟可能认为他得到的是一半或者大于一半。

把这个问题延伸到把一块蛋糕分给哥哥、弟弟和妹妹，问题就比较复杂了，因为"满足的公平"并不保证"没有妒忌的公平"，在三个（或者更多的）兄弟姐妹的情形之下，即使每个人都认为他自己分配得到1/3，但是同时他也可能主观地认为可能有别人分配到1/3以上。

03 满足的公平

让我们看看怎样把一个蛋糕分给三兄妹，以达到"满足的公平"。

首先，有一个看似最明显和简单的方法是行不通的：

让哥哥把蛋糕分成三块，让弟弟选，再让妹妹选，剩下来的给哥哥。在哥哥的心目中，三块蛋糕的大小是一样的，他满足；在弟弟的心目中，他先选了最大的一块，他也满足；但是在妹妹的心目中，弟弟可能拿了最大的一块，剩下来的两块都是小于1/3的，所以她不会满足。

有一个可行的方法，容我告诉大家：首先，我们把一块等于1/3或者以上的蛋糕叫做大块，一块在1/3以下的蛋糕叫做小块。首先，让哥哥把蛋糕分成三块，在他的心目中，每块都是大块。然后，让弟弟来评估，这有两个可能（1）和（2）。

（1）如果弟弟认为这三块里至少有两块是大块，他就说："让妹妹先选吧！"妹妹先选，当然在她心目中，她选的那一块是大块；接下来弟弟选，因为在他心目中至少有两块大块，即使妹妹选了一块，剩下来还有一块；最后剩下来的一块给哥哥，反正他一直认为三块的大小都是1/3，所以就达到了"满足的公平"的目的。

（2）但是如果弟弟认为这三块里，只有一块大块，那就是说有两块是小块，他还是说："让妹妹先选吧！"这就会产生两个可能（2.1）和（2.2）：

（2.1）如果妹妹认为这三块里至少有两块大块，妹妹就说："还是让弟弟先选吧！"这个时候，因为在弟弟心目中，三块之中有一块大块，两块小块，他当然选那一块大块；接下来妹妹选，因为在她心目中，有两块大块，即使弟弟选了一块大块，还剩下来一块大块；最后剩下来的一块给哥哥，反正他一直认为三块的大小都是1/3，所以就达到了"满足的公平"的目的。

（2.2）如果妹妹也认为这三块里只有一块大块，那就是说有两块小块，既然弟弟认为三块中有两块小块，妹妹也认为三块中有两块小块，因此至少有一块弟弟和妹妹都公认是小块，那就把这个小块分给哥哥，因为他会无怨无尤地认为每一块的大小都是1/3。

接下来，我们把剩下来的两块合起来，成为一块，在弟弟和妹妹的心目中合起来那一块是大于2/3的，因为哥哥已经拿走了他们心目中的小块，我们就用妈妈的老方法（妈妈应用的正是"茶壶原理"），让弟弟切，妹妹选，在他们两个人的心目中都各分到一块大小是2/3的一半或者以上，也就达到"满足的公平"的目的了。

上述可以达到"满足的公平"目的的切法可以推广到n个人，不过在这里我就不讲了。

04 没有妒忌的公平

接下来，让我们看看若要把一个蛋糕分给三兄妹，且达到"没有妒忌的公平"的目的，该用什么方法。

首先，哥哥把蛋糕分成他认为是三等分的三块，接下来，让弟弟比较这三块的大小，假如他也认为这三块的确是三等分，那就简单了，让妹妹先选，然后让弟弟选，再让哥哥拿剩下来的一块。因为妹妹是先选的，她不会妒忌哥哥或者弟弟，既然哥哥和弟弟都同意这三块是三等分的，那么不管妹妹怎么选，哥哥也不会妒忌，弟弟也不会妒忌，而且哥哥和弟弟彼此之间也不会妒忌，也就达到了"没有妒忌的公平"的目的。

但是如果弟弟在比较这三块的大小之后，他认为这三块的大小是不同的，他把它们排成最大、次大、最小三块，他把最大那一块切成两块，叫这两块做A和D，在弟弟的心目中，A的大小等于次大的那一块叫做B，还有最小那一块叫做C，如图1-3（a）所示。让我们把D放在一旁，先分配A、B和C，我们让妹妹先选，当然她可以随便选，接下来让弟弟选，但是有一个条件，如果妹妹没有选A，弟弟一定要选A，剩下来的就留给哥哥。请注意，选A的一定是弟弟或者是妹妹。

让我们只分析妹妹选了A的这个可能，至于弟弟选了A的分析是相似的。

妹妹选了A，我们就让弟弟来选，弟弟自然选了B。接下来，我们让弟弟把D分成三小块，如图1-3（b）所示。我们先让妹妹在那三小块里选，再让哥哥选，最后剩下来那一小块就留给弟弟。让我们总结一下：

1. 妹妹分到 A 和 D 的三小块里她最先选的一小块

2. 弟弟分到 B 和 D 的三小块里最后剩下来那一小块

3. 哥哥分到 C 和 D 的三小块里他在中间选那一小块

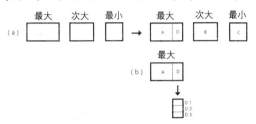

图 1-3（b）

  站在妹妹的立场，在 A、B、C 里她是最先选的，在 D 的三小块里，她也是最先选的，所以她不会有任何妒忌和埋怨。站在弟弟的立场，他分到 B，站在他的立场 B 的大小和 A 一样，因为是他负责把原来最大的一块切成 A 和 D 的，B 不会比 C 小，因为他是从 B 和 C 中间选了 B 的，弟弟也分到 D 的三小块里剩下来那一块，但是他是负责把 D 平分的，所以他也没有任何的妒忌和埋怨的地方。站在哥哥的立场，首先，他分到 C，C 是他首先把蛋糕分成三等分中的一块，所以在他的心目中 C 比 A 大，C 也不小于 B，接下来，哥哥也不会妒忌妹妹，因为哥哥认为 C＝A＋D，现在妹妹只拿到 A 加上 D 的一小块，哥哥也不会妒忌弟弟，因为哥哥认为 C＝B，而且 D 的三小块里，哥哥先选，弟弟后选，这也就达到了"没有妒忌的公平"的目的了。达到"没有妒忌的公平"目的的切法，也已经推广到 n 个人，但是目前推广的切法中有一个缺点，我们在上面讲过的方法：若两个人，"没有妒忌的公平"的切法，只要切一刀；若三个人，"没有妒忌的公平"的切法，只要切五刀；可是在目前已知的推广分法，即使四个人，要切的刀数却是没有上限的，也因此还有许多研究的空间。

05 各得其所的公平

接下来，我要讲一个不同的情景：妈妈把蛋糕切成三块放在桌上，哥哥、弟弟、妹妹，同时伸手去拿他们最想要的那一段，而且每个人的选择完全凭自己的主观和灵感，不见得和大小有关，也许哥哥喜欢巧克力比较多的一块，弟弟喜欢有白色奶油那一块，妹妹喜欢蛋糕上有一朵花那一块，而且这些主观的衡量并不是固定的，妈妈换一种切法，三个人的选择可能又会按照不同的想法来判断，不一定和巧克力、奶油和花有关系。换句话说，三个人随心所欲，没有规则可以遵循。

很明显地，如果妈妈把蛋糕切成三块，而有两个小朋友都抢着要同一块，那么就会打起架来了。反过来，如果三个人的首选都各不相同的话，譬如说哥哥要第一块、弟弟要第三块、妹妹要第二块，那就天下太平，没有任何争执了，这可以叫做"各得其所的公平"。

有人说，妈妈真难做，到底"各得其所的公平"有可能达到吗？答案是"几乎"是可以的。

让我较为精准地描述一个切蛋糕的模型，有一段长方形的蛋糕自左到右总长度是1，妈妈拿着刀垂直的把蛋糕切成三段，由左到右。明显地，我们有很多不同的方法选择三段长度x1、x2、x3的数值。在任何一种切法里，三兄妹可以各有他们自己首选的一段。我们的目的是寻找一种切法，让三兄妹的首选彼此没有冲突，也就是哥哥说我首选的是某一段，弟弟说我首选的是另外一段，妹妹说我的首选是不同的另外一段。当他们的首选没有冲突时，这就达到"各得其所的公平"了。

首先，假如妈妈尝试很多很多的切法，譬如说一千种不同的切法，把蛋糕切成三段，哥哥告诉妈妈在每一种切法里，他优先选择的一段，同样地，弟弟和妹妹也告诉妈妈在每一种切法里他们首选的一段，那么请问：在这一千种的切法里，可不可能找到一种切法，让哥哥、弟弟和妹妹的首选都各不相同？答案是"差不多"可以的。

让我们先假设有三种切法，在这三种切法里，三兄妹的首选是不同的，有一种切法，哥哥的首选是第一段，有另外一种切法，弟弟的首选是第二段，又有另外一种切法，妹妹的首选是第三段，换句话说，他们的首选是没有冲突的。您说这有什么用，这是三种不同的切法！但是如果我同时告诉您，这三个切法都是很接近的，也就是说在这三个切法里，x_1 的数值都很接近，x_2 的数值都很接近，x_3 的数值也很接近，那么我们就可以把这三个切法"马马虎虎"地合成一个切法，那就是一个"各得其所的公平"的切法了。在数学上严格地来说，我们从一千种不同的切法，增加到一万个、十万种不同的切法，那么这三个切法就会收敛成为一种切法了。

06 Sperner 定理

让我讲一个数学的结果。画一个大三角形，然后随意把大三角形分割成小三角形，请让我把"分割"的定义精准地说清楚：第一，小三角形的面积是不重叠的。第二、两个相邻的小三角形有一条共同的边，而且必须是整整一条边，换句话说，一个小三角形的一边不能分成几段作为和几个相邻的小三角形的共同边。如图1-4所示。

接下来我们用黑、白、灰三种颜色涂在这些三角形的顶点上：

1.大三角形的三个顶点分别涂上黑、白和灰。

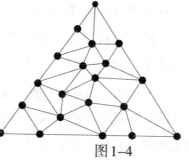

图1-4

2-1.在大三角形"黑－白"边上小三角形的顶点，随意用黑或白来涂。

2-2.在大三角形"白－灰"边上小三角形的顶点，随意用白或灰来涂。

2-3.在大三角形"灰－黑"边上小三角形的顶点，随意用灰或黑来涂。

3.在大三角形里的顶点，随意用红、绿或黄来涂。

其结果就如图1-5所示。

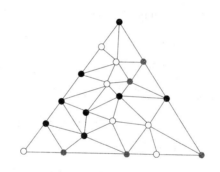

图1-5

这个着色的方法也称为Sperner着色方法，Sperner着色方法有一个有趣、听起来很简单但很重要的结果，叫做"Sperner定理"（Sperner's Lemma），也就是说：在一个用Sperner着色方法来着色的三角形里，有奇数个小三角形，每个小三角形的三个顶点分别用黑、白、灰三种不同的颜色来着色，或者说得简单一点，最低限度有一个小三角形，它的三个顶点是分别用黑、白、灰来着色。我不会在这里叙述Sperner定理的证明，我建议有兴趣的读者动手试试看，只要您按照上面的规则来着色，最后绝对会出现一个小三角形，它的三个顶点是黑、白、灰这三色。

我花了好些工夫来介绍Sperner定理，这有几个原因：第一，显然，这是个有点意料不到的结果，当我用黑、白、灰把大三角形的三个顶点着色之后，在大三角形边上的小三角形顶点的颜色，有两种可能的选择，在大三角形里的顶点的颜色，有三种可能的选择，但是不管您怎么选，最后都会出现一个三个顶点分别是黑、白、灰的小三角形。

第二，在拓扑分析里（拓扑，topology，研究形状和空间的数学性质的一门学科），有一个非常重要的定理叫作"布劳威尔定点定理"（Brouwer fixed-point theorem），Sperner定理可以说是布劳威尔定点定理的一个离散版本。

第三，除了可以解决妈妈把蛋糕切成三段的问题之外，Sperner定理还有很多有趣的应用。

07 蛋糕切三段，首选各不同？

让我们回到切蛋糕的问题：有一块长方形蛋糕从左到右长度是1，妈妈拿着刀垂直地把蛋糕切成三段，从左到右它们的长度是x_1、x_2、x_3，其数值都是大于等于0，小于等于 1，$x_1 + x_2 + x_3 = 1$。

首先，用 x_1、x_2、x_3 作为三维的空间的坐标，把 $x_1 = 1$，$x_2 = 0$，$x_3 = 0$ 这一点，和 $x_1 = 0$，$x_2 = 1$，$x_3 = 0$ 这一点，和 $x_1 = 0$，$x_2 = 0$，$x_3 = 1$ 这一点，连起来形成一个三角形（如图 1-6 所示），上面任何一点（x_1, x_2, x_3）都满足 $x_1 + x_2 + x_3 = 1$ 这个条件，也就代表把蛋糕切成长度等于 x_1、x_2、x_3 三段的切法。

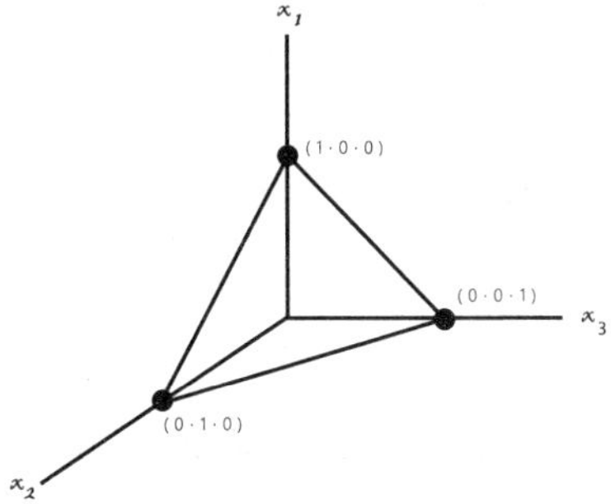

让我们把这三角形的三个顶点（1,0,0），（0,1,0），（0,0,1），分别标签为 A、B、C。接下来，我们把这个大三角形整整

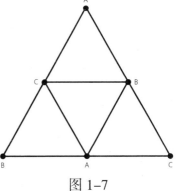

图 1-6

齐齐地分割成等边的小三角形，而且每一个小三角形的三个顶点，都加上 A、B、C 的标签，这并不困难，不过让我也交代一下：

把一个等边三角形三个顶点标签分别为 A、B、C。再将三边中点连起来，而且将边 AB 的中点标签为 C。边 BC 的中点标签为 A，边 AC 的中点标签为 B，如图 1-7。

图 1-7

这样反复执行后，就如图1-8所示。

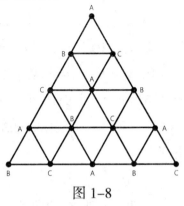

图 1-8

A、B、C这三个标签分别代表哥哥、弟弟、妹妹。当我们在一个顶点，加上一个标签A，A代表当妈妈按照这个顶点的坐标（x_1,x_2,x_3）把蛋糕切成三段的时候，哥哥有最先的发言权在这三段里选一段。同样，标签B代表弟弟有最先发言权，标签C代表妹妹有最先发言权。

接下来，让我们用Sperner着色方法在图1-8的三角形的顶点涂上颜色，如图1-9所示3。黑、白、灰三种颜色代表选择蛋糕的方法：黑色代表选第一段，白色代表选第二段，灰色代表选第三段，例如：让我们看大三角形的顶点，坐标是（1,0,0）那一点涂上黑，坐标是（0,1,0）那一点涂上白，坐标是（0,0,1）那一点涂上灰，因为假设不管是谁都不会笨到选长度是0的一段蛋糕；同样在"黑-白"边上的顶点涂上黑或白，因为这些顶点的坐标都是

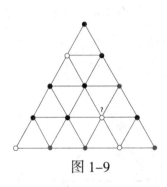

图 1-9

（x_1,x_2,0），也不管是谁都不会笨到选长度是0的那一段蛋糕，在"白 - 灰"边上的顶点涂上白或灰，在"灰 - 黑"边上的顶点涂上灰或黑，理由相同。

让我做一个总结，把图 1-8 和图 1-9 合起来，三角形的每一个顶点（x_1,x_2,x_3），都有一个 A、B、C 的标签和一个黑、白、灰的颜色，例如（A,白），（A,灰），（B,灰），（C,黑）……

（A,白）代表当把蛋糕按照 x_1、x_2、x_3 的值切成三段的时候，哥哥（A）有首先发言权，并且他会选第二段（白）；（A,灰）代表哥哥（A）有首先发言权，并且他会选第三段（灰）；（B,灰）代表弟弟（B）有首先发言权，并且他会选第三段（灰）。

结论出来了：在图 1-8 所示的三角形里，一定会有一个三角形，它的三个顶点的三个标签是 A、B、C，三个颜色是黑、白、灰，也就是说有三种方法，都和把蛋糕切成三段很相似，在这三种方法里，三兄妹的首选是不同的！

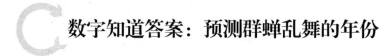

数字知道答案：预测群蝉乱舞的年份

蝉是一种很有趣的昆虫，按照动物学的分类，全世界有三四千不同的种类，在中国台湾就有熊蝉、骚蝉、草蝉等。在大家的印象里，蝉只在夏天出现，到了秋天就销声匿迹，它们的生命似乎是很短的，但事实并非如此，蝉在地底下长大，通常要经过六七年，更有些要经过十七八年，才从地底下钻出来，爬到树上去。

唐朝诗人虞世南有一首咏蝉的诗：

垂緌饮清露，流响出疏桐。

居高声自远，非是藉秋风。

意思是：像帽缨一样的触角吸吮着清凉甘甜的露水，声音从疏落的梧桐树枝间传出来，在高处发出的声音自然传得远，而不是靠秋风来吹送。言外之意是一个品格高尚的人不需要依靠别人帮助，声名自能远播。

01 羽化登仙，遗世独立

在蝉的成长过程中，首先，雌雄交配后，雌蝉会在树皮上咬开裂缝，把受精卵放在裂缝里，受精卵在树皮缝里大概经过10个月就变成若虫。

在昆虫学里，昆虫的一生，外部形态和内部器官会经过几次大变化，例如蝴蝶、蜜蜂，它们经过卵、幼虫、蛹、成虫4个阶段，幼虫和成虫形状往往大不相同，蝴蝶的幼虫就是俗称的毛毛虫；但有些昆虫，如蝉、蜻蜓等，它们只有3个成长阶段，卵、若虫、成虫，没有蛹这个时期，若虫和成虫差不多完全一样，只是体型比较小，翅膀比较小，性器官还没有发育成熟而已。换句话说，作为学术名词，幼虫和若虫是有不同的含义的，虽然在日常生活里，我们往往会笼统地用幼虫来指幼虫或若虫。

蝉的若虫从树上掉到地面就钻进泥土里，浅则三四十厘米，深则两三米，依附在树的根部，吸取根部的水分作为食物。这些水分含的养分很少，所以若虫的成长速度是相当慢的。虽然树本身经过光合作用之后会制造出有养分的液体，可是蝉的若虫吸取不到这些液体。不过无论如何，在地底下，倒是安安稳稳，不必担心别的动物袭击。当若虫的身体长大到两倍的时候，它就会蜕一次皮。就好比我们身体长大了，衣服不再合身，就脱下来换一套，这样反复几次，通常经过五六年，若虫就会钻一条通路，从地底下爬出来，到草地或者树干上，进行最后一次蜕皮，让翅膀伸展开来变成成虫，这也就是所谓"羽化"。苏轼在《前赤壁赋》里就有"飘飘乎如遗世独立，羽化而登仙"的名句。

此外，因为蝉把外皮脱掉，让生命在原来的躯体中延续，所以"蝉联"这个词就是连续的意思。

蝉蜕下来的皮叫做"蝉蜕"，是中药里一种常用的药材，它含有大量的甲壳质。站在考古学的立场，动物蜕下来的皮，是非常有用的考古资料，因为动物的身体虽然腐化了，它们蜕下来的皮却会存留很久。

"羽化"后的雄蝉会鼓动腹部底下的振膜，发出求偶的讯号，雌蝉是不会发声的，交配后雄蝉就会死亡，雌蝉在产卵后也会死亡，前后大约两个星期。这虽然是蝉的生命周期的简单描述，但是相信大家能体会生物成长过程中的神妙。

蝉生长在热带和温带的气候，遍及世界各地，可是动物学家发现，在美洲有些品种，它们有一些有趣的特色：普通的蝉的生命周期大约是五六年到八九年，但是这些在北美洲的蝉，它们的生命周期会长达13~17年。

这怎么解释呢？换句话说，为什么有些蝉发育成长的速度比较慢？从另外一个角度来说，也可以问为什么有些蝉活得比较久？难道其中有什么长寿的原因和秘诀吗？比方说，蝉藏在地底下，吸取树根的水分，如果树根的水分比较充沛、养分较多，那就可能长得比较快，反过来就会长得比较慢。树根里的水分、养分又和气温关系密切，气温高，树根里的水分、养分比较多。虽然这个说法大致是对的，但还需要更深入地探讨，因为以日本和北美洲来说，两地蝉的种类都很多，但北美洲也并没有特别冷呀！

02 冰河时期的气温巨变

一切还是要回溯到几十亿年前，地球生物演变进化的过程：地球的诞生，大约在46亿年以前，40亿年前原始海洋诞生，38亿年前海洋中出现了最初的生命元素，等到大约5亿8千万年前，也就是寒武纪的开始，生物界发生了所谓"寒武纪大爆炸"，那就是从单细胞生物开始，在短短的7千万~8千万年里，生物进化的速度突然大大增加。

在距离现在6亿年到3亿年前的古生代，鱼类、两栖动物、蜻蜓、蟑螂、蝉等昆虫，爬虫类以及恐龙的祖先就先后出现了。接下来的1亿5千万年，那就是离现在3亿年到1亿5千万年前的中生代，地球史上最惊人的生物大灭绝发生了，在中生代里的侏罗纪，恐龙兴旺繁衍，可是在不到1亿年之内，恐龙就减少并灭绝了。到了6500万年前，那就是新生代的开始，哺乳类的祖先陆续出现，地球的平均气温上升。大约500万年之前，人类和猿猴类开始从共同的祖先分家。试想，500万年不过是地球历史的千分之一呀！

在新生代里有一个时间点，就是在大约180万年前的冰河时期，和蝉的故事很有关系。在地球悠长的历史里，气温发生过好几次巨大的变化，最近有些学说指出，在几十亿年前，地球曾经冷到几乎完全冻结，也曾经热到地球表面的水几乎完全蒸发。在冰河时期，地球大部分的陆地被覆盖在白雪的冰层底下，地球表面的温度下降，因而影响了动物和植物的生态。

在南、北极等非常寒冷的地方，雪落下来，堆积起来变成冰，如果持续寒冷下去，冰不会融化，上面又继续积雪，上层的冰愈来愈重，一直往下压，下面的冰就会开始流动。几百年下来，像河川般流动的冰就会把大片地面覆盖起来，这就是冰河。当冰河流到尽头，无法再往前流动，就会层层堆积，形成冰床。

地球为什么会进入冰河时期呢？主要有三个原因：

第一，空气成分的比例改变，太阳光照射在地球表面反射回到大气中，当大气里的二氧化碳含量增加的时候，反射出来的热量被封锁在地球表面，地球表面的温度会上升，这就是温室效应；当大气里的二氧化碳含量减少，反射出来的热量比较容易散佚，因此反过来，地球表面的温度会下降。

第二，地球绕着太阳公转，公转的轨道会受到其他星球的影响，因此地球有时候离太阳比较近，有时候比较远，地球的温度因而也会产生周期性变化。同时，地球绕着倾斜23.5度的轴自转，但是这个倾斜度每隔4万年会改变一次，因此太阳照在陆地和海洋的部分就不同。当太阳照在陆地集中的地区时，因为陆地吸热快、散热也快，气温的起伏会比较大；反之，当太阳照在海洋集中的地区时，气温起伏就比较小。

第三，冰河的形成有循环反馈的效应，在陆地上，绿色森林和黑色土地所反射的阳光比较少，因此地表温度较高，白色冰雪反射的阳光较多，因此地表温度较低，冰河的形成就循环性地加强了。

03 被打乱的生命周期

在冰河时期，北美大陆曾有三个地方形成冰床，这三个冰床分别扩大，最后连成一块，覆盖了北美洲大部分的陆地，许多动物、植物也因而绝迹。但是科学家也发现，很幸运地，在盆地、有温暖的海流经过的海边、有温泉涌出的区域等地，包括蝉在内的动植物，就能在这些可被称为避难所的地方生存下来。因此，蝉在北美洲没有绝种，可是它们的生命周期就延长了。在较温暖的美国南部，蝉要经过12年~15年才会长成，至于寒冷的北部地方更要经过14年~18年。因为蝉长出翅膀后，只有短短两星期的生命，不能飞到遥远的地方去，加上避难所需要的空间本来就不大，结果蝉大多停留并聚集在特定区域，偶然飞得比较远的，也因为找不到避难所而死去了。

这就解释了蝉会在同一个时间、同一个地方，大量出现的现象。换句话说，在某些地方生命周期是12年的蝉，会一起出现，再过12年，它们的下一代又会一起出现；同样，在某些地方生命周期是13年的蝉，会以13年的周期出现；生命周期是14年的蝉，会以14年的周期出现，这些蝉都叫做周期蝉，但是奇怪的是：在北美洲最显著，只有生命周期是13年和17年的蝉。

每隔13或者17年大批出现，为什么？

这就是所谓"杂交打乱了生命周期循环"的说法：假设这些蝉中，有一个生命周期是12年的族群和一个生命周期是18年的族群，一起出现。生命周期是12年的族群，同族交配生下来的蝉，生命周期自然是12年；生命周期是18年的族群同族交配生下来自然是生命周期是18年的蝉。但是如果一只生命周期12年的蝉和一只生命周期18年的蝉交配，生下来的蝉的生命周期可能是13至17年的蝉，当这些蝉成熟的时候，就很难找到配偶，因此就会消失灭亡了。同时，这对生命周期是12年和18年的族群也是一个损害，因为杂交也造成了下一代总数的降低。换句话说，两个生命周期不同的族群，在同一个时间点出现，对双方都是不利的。那么让我们看看把生命周期是12、13、14……17、18年的族群放在一起，在一百多年内，有哪些族群会在同一年出现呢？

第36年，12年族群撞上18年族群

第48年，12年族群撞上16年族群

第60年，12年族群撞上15年族群

第72年，12年族群撞上18年族群

第84年，12年族群撞上14年族群

第90年，15年族群撞上18年族群

第96年，12年族群撞上16年族群

第108年，12年族群撞上18年族群

第112年，14年族群撞上16年族群

第156年，12年族群撞上13年族群

第204年，12年族群撞上17年族群

第221年，13年族群撞上17年族群

04 在特定年份对撞的"质数蝉"

我想大家已看出其中的奥妙了，两个不同族群在一个所谓的"生命周期公倍数"的年份就会撞上，12和18的最小公倍数是36，所以36、72、108都是它们撞上的年份。12和16的最小公倍数是48，所以48、96都是它们撞上的年份，换句话说，两个年份的最小公倍数愈小，它们撞上的机会愈大，两个年份的最小公倍数愈大，它们撞上的机会愈小。因为13和17都是质数，所以它们和别的年份的蝉撞上的机会比较小，因此，每隔13年生命周期是13年的蝉会大批出现；每隔17年生命周期是17年的蝉会大批出现。生命周期是13年和17年的蝉，也叫"质数蝉"。

2004年，美国华盛顿特区有大批17年的质数蝉出现，同时在不远的辛辛那堤城，一家报社的新闻标题是"50亿只蝉同时出现"，下一回呢？"2004＋17"就是2021了。当然站在科学的立场，对质数蝉的出现，上面是个合理的解释，到底是不是正确的解释，又得再找更多佐证了。

让我也提一下，在生物里动物生命周期的长短除了和环境有关之外，也会和要捕食它的敌人的生命周期有关，如果动物的生命周期撞上捕食它的敌人的生命周期，也就增加了难逃劫数的机会了。

"寻找千里马"的量化法则

大家都听过"伯乐相马"的故事。

伯乐是春秋时代的人，他是一位很会评鉴并挑选马的马师，他奉楚王之命到各地去找千里马，跑了好几个国家，始终没有发现合意的选择。有一天，他看到一匹骨瘦如柴、拉着盐车、在上坡路上气喘汗流地往上爬的马，伯乐走过去，这匹马突然昂起头来，大声嘶叫，伯乐立刻判断出来这是一匹难得的骏马。

"慧眼识英雄"这句成语想必每个人都耳熟能详，所谓"慧眼"就是指一个人能看破假相，见到实相。但是，正如韩愈说的"世有伯乐，然后有千里马，千里马常有，而伯乐不常有"。至于慧眼是怎么来的，那就更玄了。因此，到了科学昌明的今天，很自然地，要评估潜力就得朝量化的方向走。

从事科学研究、文学创作、音乐艺术、管理领导、体育运动等活动，毫无疑问地，一个人的天赋能力和过往的训练与准备，都跟他未来的表现有密切关系。但是，评估一个人在某个领域的能力并预测他未来的表现和成就，以往好像只能凭直觉和经验。到底这个问题该怎样用科学量化的方法来回答？

华裔球员林书豪（Jeremy Lin）是NBA（美国职业篮球协会）史上第二位哈佛大学毕业生，曾在2012年带领纽约尼克斯队（New York Knicker bockers）获得7连胜，卷起一阵"林来疯"（Linsanity）热潮。他的故事刚好可以验证这个主题：到底有没有可靠、有效的方法去评估一个人在某个领域的潜力，预测他未来的成就呢？这可真的是个大问题！就让我们从林书豪的例子看起。

01 慧眼识"书豪"

林书豪的双亲都是从中国台湾去美国的留学生，2006年他从高中毕业，因为斯坦福大学（Stanford University）和加州大学洛杉矶分校（UCLA）在学术和篮球两方面都是非常杰出的大学，而且又在他家所在的美国西岸，自然成为他最向往的目标。不过这两所学校都无法提供奖学金的名额给他，后来他选了首屈一指的常春藤名校哈佛大学（Harvard University），虽然常春藤大学并不提供运动奖学金。

巧合的是，同年斯坦福大学把奖学金给了一位名叫兰德里·菲尔兹（Landry Fields）的球员，他在斯坦福大学毕业后，就加入纽约尼克斯队，后来2011年时，他和林书豪同时为尼克斯队效力。

美国的大学篮球比赛有一个相当完整的架构和组织，在全国大学体育协会（National Collegiate Athletic Association，简称NCAA）底下，超过一千所大学的篮球队分成三组，每一组里又分成二三十个联盟，联盟里的队伍在球季中彼此相互竞赛，再举行季后赛，决定全国的冠军队伍。

笼统地说，在美国，光是学校篮球校队层次的球员，就有上万个，再加上来自国外的球员和刚从高中毕业的球员，在NBA每年的选秀大会上，30个球队按次序分两轮，一共挑选60个球员，没有被挑选上的球员，就得经由其他渠道进入这30个职业篮球队了。

2010年，林书豪从哈佛大学拿到经济学学士学位毕业，但是他没有在选秀会中被选上。不过每年夏天，NBA有两个夏季联盟给球队做练兵之用，每个球队会以刚被选秀会选中的菜鸟球员（rookies）和队里比较年轻的板凳球员（bench players）为主，再加上邀请在选秀会中落选的球员组队参加，目的之一就是发掘遗珠。林书豪获得小牛队（Dallas Mavericks）的邀请，成为小牛队夏季联盟球队里13个球员中的一员。在夏季联盟的5场比赛，林书豪以优异的表现，获得小牛队和另外三队的合约建议，林书豪选择和勇士队（Golden State Warriors）签了两年合约，其中一个原因是勇士队在他家附近，是他从小最喜欢的球队。

2010年，也就是林书豪在勇士队的第一年，他在29场球赛里上场，平均得分是2.6分，而且在勇士队和勇士队在小联盟（Development League）里的训练队中间三落三上。第二年篮球季集训刚开始的时候，勇士队就把林书豪裁掉了；火箭队（Houston Rockets）和林书豪签了合约，可是在季前赛打了两场球，一共7分钟之后，火箭队又把林书豪裁掉了；几天之后，纽约尼克斯队签了林书豪，在球季前面的23场里，林书豪一共上场55分钟，中间还被放到小联盟3天，在这23场球赛里，尼克斯队胜8场败15场，加上伤兵累累，总教练决定给林书豪机会，增加他上场的时间，并且改为先发。这一来尼克斯队声势大增，连赢7场，而且在这7场里，林书豪每一场都是全队助攻次数最高的，有5场是全队得分最高，林书豪在最初5场先发赛里，每场都拿到20分和7次助攻以上，是NBA历史上最高的纪录。林书豪精彩的表现，带来了大家都熟悉的"林来疯"！

不幸地，球季结束前一个月，林书豪膝部受伤，必须开刀，也就结束了他的球季。但是林书豪在26场球赛里的贡献，帮助尼克斯队进入季后赛，也缔造了尼克斯队十多年球季最高的胜负比率。2012年夏天，他离开尼克斯队，和火箭队签了2万5千美元的合约，期限为3年。2014年夏天，他又转入湖人队（Los Angeles Lakers）。

林书豪高中毕业时，得不到以篮球著名的大学的青睐，辗转进入职业篮球队，被裁员、被下放，却突然崭露头角大展身手，成为超级巨星，的确让许多专家跌破眼镜。尤其是在美国职业运动的领域，教练、球探、体育评论家对每一个选手都会有非常详尽和深入的观察与分析，可是大家对林书豪都看走了眼！不过，有一个在体育界不见经传，名字叫做魏兰德（Ed Weiland）的人，从来没有看过林书豪打球，却远在2010年就看出林书豪的潜力。

魏兰德先生在一间快递公司工作，但是在工作之余，他搜集、分析运动员成绩的数据。在2010年选秀大会以前，他在一个网站选他认为当年最佳的控球后卫（Point Guard）时，他把林书豪排在第二名，他认为林书豪足以在NBA当先发球员，甚至可能成为明星球员，除了最明显的数据，包括投篮、命中率、得分、助攻、失误之外，他特别注意两分球的命中率和篮板、抢断与盖帽这三个数字的总和，简称为RSB40。因为两分球的命中率反映了灌篮和带球上篮的进攻能力，而篮板、抄截和阻攻这三个数字反映了防守能力，而且两者都反映了整体的运动能力。林书豪这两个分数都很高，而且和NBA里出色的控球后卫在大学时代的分数相比，不遑多让，再加上作为一个弱队的球员，林书豪在遇到强敌的比赛里，表现依然很出色，足以显出他的韧性。

我们也可以看看在2010年选秀中，被魏兰德先生排在前6名的控球后卫的职业篮球生涯：排第一名的，毫无疑问非常出色，他是选秀会的状元；排名第三的，在第一轮尾，排名第六的，在第二轮开始也被选上了，都成为NBA的球员；排名第四的，后来退出选秀；排名第五的没有被选上，不过经过一年多的起伏之后，也打进了NBA球员的行列。

魏兰德先生的判断，的确是相当准确的，而且因为林书豪的"林来疯"，魏兰德先生也一夜爆红。

02 从黄金比例挑俊男美女

"英俊、美丽"似乎是非常主观的判断，正如中文里的"情人眼里出西施"，英文里的"Beauty is in the eye of the beholder"，但是古今中外都尝试把"英俊、美丽"这个观念量化。被誉为人类历史上最博学多才的达·芬奇（Leonardo da Vinci）有一张非常有名的素描叫做《维特鲁威人》（*Vitruvian Man*）。这是一张大家在很多地方都见过的素描，里头有两个重叠的健壮中年男子的裸体画像，其中一男子两腿叉开，两臂微微高举，以他的双手指尖和双脚为端点，正好外接一个圆，这个圆的中心正是他的肚脐；另一个男子两腿并立，两臂平伸，以他的头顶、双手的指尖和双脚为端点，正好外接一个正方形，这是大概在1487年，达·芬奇按照古罗马建筑师维特鲁威（Vitruvius）在他的著作《建筑十书》第三册，对人体比例和均衡的描述画出来的，如图1-10所示。

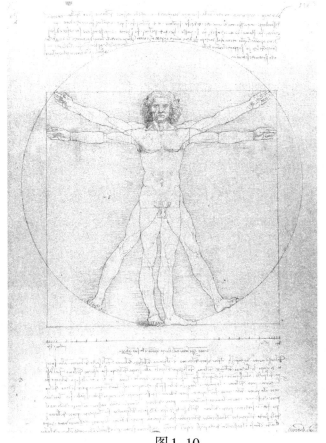

图1-10

维特鲁威认为人体的比例和均衡可作为建筑物的比例和均衡的原则。达·芬奇这张素描也往往被视为健美的男性身体的标准，按照素描里圆形和正方形的大小，就可以精准地把健美的男性身材量化。达·芬奇在这张素描底下的注解提到，双手张开平伸的长度等于身高，从额顶发根到下巴底的长度等于身高的1/10，换句话说，脸的长度等于身高的1/10；从头顶到下巴底的长度等于身高的1/8，亦即头的长度等于身高的1/8；两肩最大的宽度是身高的1/4；从手肘到指尖的距离等于身高的1/4；从手肘到腋下的距离等于身高的1/8等。不但如此，从维特鲁威人素描更推而广之，我们发现人的身体各部分有许多比例都可以用黄金比例作为美的标准。

让我们首先解释什么是黄金比例，黄金比例是一个数字，等于 π 也就是1.61803……，也就是$x^2-x-1=0$这个二元一次方程式的一个根。

这个奇怪的数字是从哪里来的呢？比方说，有一个长方形，长的一边的长度是a，短的一边的长度是b，我们问，a和b之间相对的大小关系是什么，才能让这个长方形看起来和谐、好看呢？怎样算是和谐、好看，似乎是个主观、模糊的观念，不过，也许大家会同意，假如a远比b大，这个长方形看起来扁扁的，就不算是和谐，假如a差不多和b一样大，这个长方形看起来像个正方形，也不算是和谐。

如果我们想象这个长方形代表一张画的画面，或者一幅肖像里主要人物的面孔占的空间，或者是一座宫殿的正面长度和高度的比例，这个说法听起来，倒似乎挺有道理。

该怎么把这个和谐、好看的观念量化呢？若以一个长边是a、短边是b的长方形为基础，画一个长边是a＋b、短边是a的长方形，也就是用原来的长方形两边和做长边，用原来长方形长边做短边，画一个放大的版本，如果原来的长方形的长边和短边的比例和放大的长方形的长边和短边的比例是一样的话，我们会说这个比例是一个和谐、好看的比例，也就是：

$$\frac{a}{b} = \frac{a+b}{a}$$

从这个方程式，我们可以解出$\frac{a}{b} = \frac{1+\sqrt{5}}{2} = 1.61803$
或者$\frac{a}{b} = \frac{1-\sqrt{5}}{2} = -1.61803$

而且延伸下去，从一个长边是a＋b，短边是a的长方形，我们可以同样地放大画一个长边是2a＋b，短边是a＋b的长方形，我们可以同样地放大画一个长边是3a＋2b，短边是2a＋b的长方形等。

这些长方形的长边和短边的比例都是相等的，换句话说，而且这都等于黄金比例1.61803……，这可不真的是和谐了吗？

$$\frac{a}{b} = \frac{a+b}{a} = \frac{2a+b}{a+b} = \frac{3a+2b}{2a+b}$$

有了黄金比例，我们就可以用黄金比例作为量度人体的美的标准：身高和从肚脐到脚底的高度的比例等于黄金比例，指尖到肘的距离和从腕到肘的距离的比例等于黄金比例，从肚脐到膝的距离和从膝到脚底的距离的比例等于黄金比例。我们也可以用黄金比例作为人脸的美的标准，脸的长度和宽度的比例是黄金比例，一个最重要的例子就是在达·芬奇的名画《蒙娜丽莎》里，蒙娜丽莎的脸的长度和宽度的比例的确是黄金比例，嘴唇到眉毛的距离和鼻子的长度的比例是黄金比例，嘴的长度和鼻子的宽度的比例是黄金比例。

黄金比例这个观念更可以应用到绘图、建筑和平面设计上，例如古希腊的帕特农神庙（Parthenon），正面的长度和高度的比例是黄金比例。黄金比例这个观念也可以推广到黄金三角形和几何图形，其应用也可以在音乐、经济学和许多自然现象里观察到。

在中国传统里也有用数字来量化美这个观念的例子。"三庭五眼"，是大家比较常提到的标准。"三庭"就是在脸的正面，沿着发根、眉毛、鼻子底下和下巴底下，画四条平行线，美的标准就是这四条平行线把脸垂直地分成三等分。在达·芬奇的《维特鲁威人》素描里，也有同样的说法。"五眼"就是以通过双眼的水平线为基准，自左到右，从左边发际边沿到左眼外边的眼角的距离，到左眼的宽度，到两只眼睛两个内边的眼角之间的距离，到右眼的宽度，到从右眼外边的眼角到右边发际边的距离，美的标准就是这正好把通过双眼的水平线分成五等份。

大家也听到"九头身"作为美好身材标准的说法，那就是头的长度等于身高的1/9，这也和达·芬奇在《维特鲁威人》的素描里的说法相似。曾经有人拿目前有名的电影明星和模特儿的照片，按照"三庭五眼"的标准去衡量，倒真的是相当准确。

03 美国运动员潜力的数据分析

大略谈过这些观念后，让我在体育运动这个领域里讲些具体的例子。

因为在体育运动里，不但一个运动员或者一个队伍的成就可以很精准地量化，赢就是赢，输就是输，得分多少就是多少——精神上的胜利和虽败犹荣都只是阿Q式的安慰而已——而且运动员或者队伍的潜力和过去的表现，往往有很多相当详细的数据，可供我们分析和参考。

首先，我们常常用运动员的体能作为他运动潜力的评估。体能往往是可以量化的，当然不同的运动有不同

的体能要求，常用的例子就是所谓SPARQ的评分，S是
"speed"，奔跑的速度；P是"power"，力量；A是"agility"，
灵活；R是"reaction"，反应；Q是"quickness"，敏捷。除
此以外，也包括持久的能力、平衡感、手和眼的协调等。

至于这些不同的体能怎样具体地衡量呢？通常衡量
方法包括20码、40码冲刺短跑、举重、跳远、垂直跳高、
前后移动、横向移动等。举例来说，美国职业足球联盟
（National Football League, NFL）每年在选秀大会前，有一个
全国性综合测试大会，会邀请300多个被认为最有潜力的运
动员聚在一起一周，除了上述的体能测试之外，还有心理测
试、面谈等，以作联盟里32个球队选秀时参考之用。这个
综合测试大会已经举办了20多年，成为颇具规模的传统了。

正如上面所说，评估运动员潜力的另一个途径，就是
按照过去的表现来作预测，尤其是篮球、足球、棒球这些
在美国深受球迷喜爱和支持的运动项目，在大学和小联盟
里，比赛的规则和规模都和大联盟差不多，因此都有充分
的机会观察运动员的表现。从这些记录的数据来预测运动
员未来的表现，不但是顺理成章，而且也是行之多年的事。
不过到了近30年，大家才开始深入广泛地搜集、分析和应
用这些数据，其中最重要的一个问题就是在这些数据里，
哪些数据和运动员未来的表现最有关联性。

在举棒球比赛的实例之前，让我交代两件事情，第一，

已有专家指出，作为未来表现的预测，体能测试的结果，往往比不上过去表现的结果可靠。第二，在深入了解一个运动员的纪录之后，我们不但对他未来的成就可以有比较精准的预测，而且对他过去的贡献也可以有比较精准的评估。

04 寻找明日之星：打击手篇

在棒球比赛里，一个球员攻击能力的重要指标之一是安打（Hit），就是把球打出去，安全上垒。以美国职业棒球联盟的大联盟单一球季打162场球来说，一个球员能够有240次以上的安打就是非常出色了，目前历史最高的纪录是铃木一朗保持的262次安打，一个球员能够在大联盟打15~20年，得到3000次以上安打的不到30个人，4000次以上的只有彼得·罗斯（Pete Rose）和泰·柯布（Ty Cobb）两个人。可是在一场球赛，尤其是整个球季162场球赛里，一个球员上场打击次数是不同的，这与教练排列打击顺序有关，排列顺序在前面的，在一场比赛里可能会多一次打击的机会，此外也和在比赛里全队上垒的情形有关，安打数除以打击次数就是打击率（Batting Average），通常30%的打击率就算相当好了。

安打只是笼统地计算把球打出去的次数，区分得清楚一点，安打包括一垒安打single（把球打出去登上一垒）、二垒安打 double（安全登上二垒）、三垒安打 triple（安全登上三垒）、全垒打 home run（安全返回本垒得分）。因此，一个比安打数精准的算法是"垒打数"（Total Bases），那就是（1× 一垒安打数）＋（2× 二垒安打数）＋（3× 三垒安打数）＋（4× 全垒打数），用垒打数来算，一季能够打到400以上就非常不容易了，历史上最高的纪录是 Babe Ruth 的457。垒打数除以打击的次数，叫做"长打率"（Slugging Percentage），长打率能够到50%就相当不错，到80%就是登峰造极了。

从中可以看出，不同的统计数据是有不同含义的。

在棒球比赛里，得分靠打击，因此安打数和打击率、垒打数和长打率都可以说是重要的指标。但是"得分靠打击"这句话，还是说得不够周全，"得分靠上垒"才是比较周全的说法。打击手除了安打之外，还有别的方法上垒，那就是四坏球保送（Base On Balls）和被投球触身（Hitbya Pitch）。首先，保送和被投球触身，不但和安打一样让打击手上垒，而且也和安打一样，让当时已经在一垒，甚至在二、三垒上的队友移垒前进。更何况在这个情形之下，队友移垒前进，没有在跑垒时被截杀的风险。有人会说保送和被投球触身是投手技术不好，而不该是打击手的功劳，这个说法并不尽然，好的打击手有比较精准的判断好球和坏球的能力，更何况面对好的打击手，投手会特别小心甚至紧张，尽量想把球投到打击区的边缘和角落，也因此增加了投出坏球的概率。按照这些观察，我们就用上垒率（On Base Percentage）来作为对打击率的微调。上垒率把安打、保送和被投球触身的次数加起来作为分子，把安打、保送、投球触身和牺牲打的次数加起来作为分母。纪录里一季最高的上垒率是60%，能够到达50%就已经是出类拔萃了，按照公式来算，在绝大多数的情形下，一个球员的上垒率往往大于他的打击率，有兴趣的读者不妨动手去把两个公式比对一下就了解了。

不要小看四坏球保送这一回事，我们上面说过以单季的纪录来算，安打数在240以上就已经是非常杰出的了，但是同时四坏球保送的数目，一季最高的纪录都在100以上，一个有趣的数据是贝瑞·邦兹（Barry Bonds）在2004年被保送共232次，那是历史上最高的纪录，同一年他的安打数是210次。2004年可以说是他21年大联盟生涯中，表现最亮丽的一年，他敲出45支全垒打，也是国家联盟的MVP。

讲到这里，我相信许多以前不常看棒球的读者也看出头绪来了，因此，问题是，既然上垒率是打击率的微调，那么把上垒率和长打率加起来，是不是也兼顾了打击手长打的能力呢？

是的，这个数目就叫做"上垒加长打率"，又称"整体攻击指数"（On-base Plus Slugging, OPS），专家把这个数目分成四等，90%以上是杰出，83%以上是不错，70%~76%是平均，56%以下就是烂透了。

上面讲的指标，重点是球员打击和保送的数据，当然这些数据除了呈现他自己上垒，以及接下来得分的机会之外，也包括了帮助已经上垒的队友得分的机会。另一个重要的指标就是打点（Runs Batted In, RBI），那是打击手让已经上垒的队友返回本垒得分的数目。有人指出打点除了和打击手本身的打击能力有关之外，也和他的棒次，以及在他棒次前面的队友打击率有相当密切的关系，通常打击顺序排第一、第二的是打击率高，也就是上垒机会高的打击手，第三、第四的是长打率高，也因此会是打点高的打击手。更重要的是，第一轮打击之后，排在第一、第二的打击手前面的是前一轮的第八棒、第九棒，通常是打击率相当低的打击手，因此他们对棒次第一、第二的打点，助力也比较小。按照这个观察而调整的指标是得分总数（Runs Produced），意思是运动员制造出来的分数，计算的公式是得分的数目加上打点的数目减去全垒打的数目，得分的数目反映了打击的能力和队友帮助他得分的能力，打点的数目反映了他帮助队友得分的能力，减去全垒打的数目则是因为一支全垒打重复列入得分的数目和打点的数目里。

从进攻的观点来看，盗垒（Steal）成功的次数和成功率也是重要的指标。首先，盗垒成功就是不靠队友打击的助力而前进，但是反过来，盗垒失败也可能是消耗了一个可能得分的机会，盗垒成功的次数多，当然表示球员有好的判断力和跑垒的速度，至于盗垒成功率，就是盗垒成功的次数除以盗垒成功的次数，再加上盗垒失败的次数，最好的盗垒成功率在80%以上。

05 寻找明日之星：投手篇

至于投手的能力和成就，有哪些评估的指标呢？

当然大家都知道在棒球比赛里，输球、赢球的账都算在投手身上，美国职业棒球联盟在过去100多年以来，出色投手的标准从一季赢30场球，降低到25场球，再降低到20场球，甚至2006年和2009年两个球季，整个大联盟里，没有一个投手有赢20场球的纪录。旅美投手王建民在2006年和2007年两年都是纽约洋基队（New York Yankees）最多胜投的投手，2006年19胜6败，2007年19胜7败，都是当年大联盟里顶尖的表现。但是一场球赛往往有几个投手，包括先发、救援和终结投手，一场球的输赢，谁是责任投手，有相当复杂的计算方法，更常常有输得冤枉、赢得侥幸的情形，因此大家也逐渐认为用投手输赢的纪录作为他表现的最重要指标，是有讨论空间的。举例来说，大联盟里，每年经由投票在每个联盟选出一位最杰出的投手，颁发赛扬奖（Cy Young Award），2010年美国联盟赛扬奖得主的纪录只是13胜12败，这虽然是比较特殊的例子，也可见不能用输赢的场数作为唯一的指标，以偏概全。

评估投手的能力和成就也有其他的指标，一是三振的数目，如果投手能够把打击手三振出局，那就的确是无惊无险，因为不但打击手上不了垒，也消除了球被击出去时队友防守失误的可能。因为在一场球赛中，一个先发投手通常不会投完9局，所以把一个先发投手三振的数目除以一共投的局数，再乘上9，就是如果他投完9局后三振的数目，如果这个数目是10，就相当不得了，8以上的，在美国职业棒球历史里，也只有30多个人而已。

另一个重要的指标是责任失分，责任失分的意思是：不是因为防守错误而失的分，这些失分的责任就完全算在投手身上了。同样，责任失分平均数（Earned Run Average）就是把一个投手的责任失分除以他所投的局数，乘上9。假如我们去看统计数字，责任失分平均数最低的多半是救援投手（Relief Pitcher），特别是终结投手（Closer），不但是因为他们在牛棚养精蓄锐，而且他们要投球的次数不太多，先发投手不但要投五六局以上，而且他们被换下来往往是因为疲倦或者其他原因开始失分了。

还有一个最直接衡量投手投球功力的指标，就是每局被击出的安打和保送的数目（Walksplus Hitsper Inning Pitched, WHIP），也就是他让攻击方上垒的球员数目，这和责任失分意思相似，但是有两个不同的地方，一个是攻击方上了垒的球员，不一定会得分；还有一个比较微妙的不同是，如果攻击方有球员上了垒，两人出局之后，因为防守错误，球局没有结束，那么这些上了垒的球员，剩下来在这一局得的分，不算入投手的责任失分内，历史上最佳投手的WHIP的数目只比1多一点点。

对一个先发投手，优质先发（Quality Start）是另一个近年来被提出的指标，定义是不管输赢的结果，先发投手能够最少投完6局，最多只有3分责任失分，就算是一场优质先发。优质先发的百分比先发的场数除以优质先发的场数，在一个投手的职业生涯里，能够到达65%以上，就是非常出色了。前面提过以13胜12败在2010年获得赛扬奖的投手菲立克斯·赫南德兹（Felix Hernandez），他的优质先发百分比是66.8%。不过话又说回来，到目前为止，他的职业生涯里只有190场先发，和最杰出的老前辈汤姆·西维尔（Tom Seaver）有647场先发、优质先发百分比是70.2%的纪录相比，还是有不如的地方。

06 量化指标与MVP

讲了这许多，目的是指出一个运动员，或是推而广之，任何一个专业人士的能力和成就，可以用不同的量化指标来衡量。

从上述例子可看到，有些指标比较全面，有些指标比较片面，有些指标切题深入，有些指标无关宏旨，不过在许多情形之下，只看单一指标的数据结果，难免像瞎子摸象，因此最重要的是如何把不同的统计结果综合起来，作出判断和结论，甚至是难以量化的判断和结论。例如美丽、有价值等，那才是真正使用数据统计的目的。

比方说，2012年大联盟里的美国联盟产生了45年来第一个三冠王——老虎队的米格尔·卡布瑞拉（Miguel Cabrera），他的44支全垒打、打击率0.330和打点139，都居美国联盟的首位，很明显地，在打击方面有非常杰出的表现，但是他该不该是2012年美国联盟最有价值球员MVP呢？

对此大家就有不同的意见了——这三个指标是不是足以衡量一个球员对整个球队输赢纪录的贡献呢？也就是说，这三个指标和球队输赢纪录的关联性如何呢？这可不是个容易回答的问题。

更进一步，如果要付出高薪留住他，他在全队里的重要性又是如何呢？这就是除了数据以外，还得加上主观的经验和直觉判断了。

《魔球》的启示：打破惯性，缔造传奇

让我为大家讲一个故事，这个故事有真实的背景，后来被写成一本小说和拍成一部电影，小说和电影的英文名字都叫做*Money ball*，电影的中文名字是《魔球》。我要讲的是一个混合版本。

01 载浮载沉的球员比恩

这个故事的主角叫做比恩（Billy Beane），1980年他从高中毕业，在职业棒球球探的眼中，他是一个能打、能投、能跑、能防守、极有才华的棒球员。在当年的选秀大会上，纽约大都会队（New York Mets）在第一轮就选上他了。当时斯坦福大学也给了他运动奖学金，并且同意让他同时参加棒球和足球的校队。经过一阵犹豫，他决定放弃斯坦福大学的机会，到属于大都会队的小联盟球队报到。

一开始，他在小联盟的表现只是平平，第一年打击率

0.210，不过还能够在小联盟按照技术做区分的等级里，按部就班地往上爬升，虽然和他同时的几个球员已经在大联盟崭露头角了。比恩在小联盟默默地待了4年之后，1984年的季末（也就是整个球季输赢大势已定的时分），才有机会到大联盟打了5场球，他的打击率是0.100。1985年他回到小联盟，表现还相当不错，到了季末，可以说只是意思意思地再上到大联盟，打了8场球，有两次安打，一个打点。

比恩前后在小联盟打了6年球，大都会队对他失去了耐心，就把他交易送到明尼苏达的双城队（Minnesota Twins），他在双城队的大小联盟队里漂泊了两年，又被交易到底特律的老虎队（Detroit Tigers），一个球季只打了6场球，就被释放为自由球员（Free Agent）。奥克兰运动家队（Oakland Athletics）和他签了约，但是在1989年球季，比恩还是没有办法在大联盟里站稳脚，他已经28岁了，就决定结束职业棒球员的生涯。

他告诉奥克兰运动家队当时的总经理爱德森（Sandy Alderson），说他想留在运动家队担任先行球探的工作。先行球探的任务是先锋部队，要先去观察即将对阵者的强项和弱点。爱德森对他要放弃在大联盟打球的机会有点不解，虽然那只是希望渺茫的机会，但也是多少人梦寐以求的机会，不过爱德森还是让比恩留下来当先行球探，他认为反正先行球探没有什么太大的影响。

职业运动里竞争之剧烈是众所周知的，能够在大联盟占上一个席位，真是所谓百中选一、千中选一。即使如此，10年前经过球场上的再三观察、体能上的反复测试，比恩都被球探们公认是最有潜力的球员，可是整整10年里，他不是没有机会，可是始终没有办法脱颖而出，不知不觉中，自然会让他对传统评估球员的方法有所怀疑。

先补充一下美国职业棒球队的架构：一支球队像一家企业一样，由一位或者几位出钱的大老板拥有，赚钱、花钱都是大老板的事，钱以外的事有些大老板管得很多，也有些大老板管得很少；大老板底下是总经理，总经理上承大老板之命，管理属于大联盟和小联盟的球队，当然这里头最重要的一个人，就是大联盟球队的总教练，球队输赢的责任就放在总教练身上。

换句话说，老板就是皇帝、董事长，总经理就是宰相、CEO，总教练就是领兵打仗的将军、负责生产的厂长。这其中最重要的关键，就是球员的人事权掌握在总经理的手上。原则上，不但包括球队里的40个正规球员，也包括下面上千个在小联盟的球员。每个职业球员通过他的经纪人和球队签合约，这个合约包括薪水和期限，光是合约的内容就变化多端，薪水可以逐年改变，而且可以有各式各样和球场上的表现挂钩的奖金。例如一个打击手的打击率、一个投手的先发次数等。合约也可以随时调整，例如基于球员优异的表现，在合约期满以前，延长合约的期限。再加上球员在某些时间点，还能和他所属的球队讨价还价，谈不拢，有仲裁的机制；可是在某些时间点可以取得自由球员的身份，可以同时和几个球队谈合约，那就是几个球队竞争的局面了。还有，在选秀的时候，选哪些球员、条件怎样谈，以及球队之间可以相互交换彼此已经签有合约的球员，都是总经理的权责。其实，许多复杂的问题，关键只在两个字上面："钱"和"人"。"钱"是大老板给的总预算，"人"是能够帮助球队赢球的球员，"钱"的多少是一目了然的，"人"的才能评估和预测就是不容易回答的问题了。

02 总经理的新思维

让我回到比恩的故事，1990年他结束了职业球员的生涯，在总经理爱德森手下当先行球探，3年之后被升为助理总经理，负责评估小联盟球员的工作。爱德森算是职业棒球队里一个异类的总经理，大多数的总经理都是从球员、教练或者球探出身，可是爱德森是常春藤大学出身的律师。他先是运动家队的法务长，1983年当上了总经理，对高度专业的机构来说，找一个完全外行的总经理是不常有的事。

爱德森刚开始当总经理的时候，一来是新手上路，二来是当时的总教练是一个老资格、强势，又有大联盟球员经验的教练，加上大老板把球队看成社会公益活动的一部分，所以对经费预算很大方，因此爱德森萧规曹随地没有做很大的改变。可是到了1995年，新的大老板来了，总教练也换了人，新老板是个不折不扣的生意人，讲明了要紧缩预算，因此如何发掘别人看不出来的人才，是特别重要的挑战。

举例来说，在选拔新秀的时候，热门的新秀自然会要求高额的薪水，冷门的新秀却担心连选都选不上，如果有足够的统计信息来评估新秀的潜力，就可以舍弃高薪的热门新秀而选择低薪的冷门新秀了。爱德森把注意力集中在使用统计数据来作为评估和预测的工具，比恩一路追随他。到了1997年，爱德森离开运动家队，比恩就当上了总经理。

故事里还有一个重要的人物保罗，电影里他是个戴着深度眼镜的胖子，典型的计算机怪咖，但是在真实的人生里，他的名字是迪波德斯塔（Paul DePodesta），身材高瘦。1995年他在哈佛大学获得经济学学位，在校期间也参加棒球和足球校队，大学毕业之后，他在大联盟的克利夫兰印第安人队（Cleveland Indians）工作了3年，先是当先行球探，后来当总教练的特助，1999年到了运动家队做比恩的特助，也就是比恩的智囊，在当时要把IBM拆散成若干独立小单位的声浪里，他力排众议，把公司整合成为一家提供信息服务全方位解决方案的公司（他的成功故事至今还为人津津乐道），帮助他用统计数据来做选秀、签约和交换球员的决定，2004年他才31岁就被洛杉矶道奇队（Los Angeles Dodgers）聘任为总经理，是大联盟里有史以来第5个最年轻的总经理。

1997年10月，比恩坐上总经理的位置，1997年和1998年两个球季，运动家队表现都不好，在美国联盟西区季末的排名都是第四。其中有个有趣的小故事：

1997年，运动家队把在队上有10年经验的老将麦奎尔（Mark McGwire）交易送到圣路易城的红雀队。麦奎尔是个强力的打击手，1997那一年一共打击出58支全垒打，居整个大联盟的首位，可是他既不是美国联盟的全垒打打击王，也不是国家联盟的全垒打打击王，因为他在运动家队打了34支全垒打，那是在美国联盟，而在红雀队打了24支全垒打，那是在国家联盟，两个联盟是分开计算的。次年麦奎尔在红雀队打了70支全垒打，打破了37年以来马立斯（Roger Maris）所创的一季61支全垒打的纪录。

1999年运动家队有了起色，在美国联盟西区季末排名第二，也是1992年来第一次赢输的比例超过50%，2000年和2001年，运动家队都是美国联盟西区季末的第一名，这两年队上有几个最重要的球员，包括一垒手吉昂比（Jason Giambi），他是2000年美国联盟的MVP，5次入选为明星球员，4次在保送上垒次数、3次在上垒率、1次在长打率在美国联盟排名第一；内野手泰雅达（Miguel Tejada），他在2000年和2001年，每年都打击出30支以上的全垒打；终结投手伊斯林豪森（Jason Isringhausen），在这两年里他的责任失分2000年是3.78，2001年是2.65，他的每局平均被击出的安打和保送数目：2000年是1.435，2001年是1.079，都是相当低的数字；投手齐托（Barry Zito），他在2000年登上大联盟，7胜4败，2001年17胜8败；和外野手戴蒙（Johnny Damon），他刚在2001年从堪萨斯皇家队（Kansas City Royals）交易换来，他是2000年皇家队的年度最佳球员。

虽然球队在相对来说非常紧缩的预算之下，有很不错的成绩，比恩对手下球探的表现，还是相当不满意，他说："我们目前的态度是只要在每季选来的50个新秀里，有几个能够上得了大联盟，就沾沾自喜了，这和闭上眼掷骰子有什么两样？"运动家队在1997年选的43名新秀里，有7个打上大联盟；1998年选的43个新秀里，有8个打上大联盟；在1999年选的45个新秀里，有4个打上了大联盟；在2000年选的45个新秀里，有6个打上了大联盟。平心而论，以运动家队1997年到2000年的选秀结果来看，每年选出来接近50个新秀里，有6个到8个打上大联盟。更值得一提的是1997年以第9顺位被选上的哈德森（Tim Hudson），1998年以第1顺位被选上的穆德（Mark Mulder）和1999年以第

1顺位被选上的齐托（Barry Zito），这3个投手在2000年到2004年的表现，被认为是大联盟多年以来，甚至有史以来最坚强的"铁三角"投手组合。

但是以高顺位来抢大家公认的潜力新秀并不容易，因此当轮流选秀的次序排在别的球队后面，或者预算比较少，不能用高签约金和其他球队较劲的时候，就必须出奇制胜，发掘大家看走了眼、但有才华的球员了。

03 来自计算机极客的分析

2001年夏天，职业棒球选秀大会上，运动家队第一轮的第一个机会是顺位25，这个顺位和球队在2000年的成绩有直接关系，运动家队在2000年获得美国联盟西区的第一名，因此选秀的顺位就落到后面去了。到了顺位25，许多大家公认的热门球员已经被别的球队选走了，例如那一年选秀大会上顺位1、2、5被选中的球员，后来都进入了明星赛球员的行列。运动家队选了一个内野手，他后来在大联盟也有平稳的表现，接下来运动家队因为和别的球队交易的结果，换到第一轮的顺位26，球探总监自作主张付出高薪，选了一个高中刚毕业的投手，这可把比恩惹火了，按照统计数据，高中毕业投手登上大联盟的机会是在大学球队磨炼过投手的1/2，是在大学球队磨练过的其他位置的球员的1/4，按照书上的描写，比恩一气之下，拿起椅子往墙上砸出一个大洞，这位球探总监在季末后就离开了运动家队。

其实计算机极客保罗按照数据分析的结果，给球探们提供了几个名字，但球探们都没有理会，其中有一个叫做尤克里斯（Kevin Youkilis）的球员，球探嫌他又胖又笨重，跑得不够快，可是保罗指出他的上垒率很高，波士顿红袜队在顺位243选中了他，他后来3次入选明星队，在打击、防守两方面都曾经获得大联盟的奖项。总而言之，运动家队2001年选秀的结果，顶多是平平而已，其中没有一个未来的明星球员。

2002年的选秀大会，是比恩和运动家队特别关键的重要时刻，2001年队里3个最重要的球员：一垒手吉昂比、外野手戴蒙和终结投手伊斯林豪森都被别的球队高薪挖走了。但也因此这些球队得把他们在选秀中第一轮的机会，转让给运动家队作为补偿，因此运动家队在第一轮共有7个选择的机会，如何善用这7个难得的机会，是很重要的挑战。同时比恩也请了一个新的球探总监，他从伯克利毕业，连在高中打篮球的经验也没有，比恩认为他因此没有受到传统思路的不良影响，这一次选秀大会，也可以说明显地反映了比恩自己的经验，和他受到使用统计数据来评估球员的思路影响，因而跳脱了许多传统的看法和做法。

对一个球探们极力推荐、身材完美、体能出色的球员，比恩往往认为不值一顾，因为他看到的也许是20年以前的自己，在这一次选秀选出的前28个球员里，25个有在大学打棒球的经验。

正如上面讲过，按照统计数据，曾有大学棒球经验的球员的成功率比较高。话说回来，运动家队选的第一个球员是一个外野手，他是球探们和计算机一致的选择，后来也的确在大联盟有杰出的表现；接下来选的是一个投手，后来也登上了大联盟；比恩又按照统计数据的结论，选了一个上垒率好、打击率好、保送上垒多、三振出局少的三垒手，后来也证明是对的选择；他也用同样的理由，在第一轮选了一个球探们认为胖得走不动的捕手，他刚到小联盟的时候，表现非常出色，可是后来始终没有出人头地。

回过头来看，在2002年，运动家队当时选中的51个新秀里，先后有14个登上了大联盟，这可说是不错、但算不上令人侧目的数据。其实，我们无法用一个球队在一个球季选出来的新秀的表现，来断言使用统计数据来做评估的效能，重点是在这个超过150年传统的棒球运动里，统计数据的使用已逐渐汇入了。

04 用统计数据缔造20连胜

接下来，让我讲讲运动家队在2002年球季的故事，当然这和上面讲的2002年挑选新秀几乎全然无关。在职业棒球联盟里，新秀平均得在小联盟打上三四年才有机会上大联盟，快的也要一两年。讲到运动家队2002年球季的表现，我们得回到上面讲的，世界上许多事情都离不开"人"和"钱"两个字，职业棒球不但不是例外，而且这两个因素的效应是很显著的。

运动家队共有25个球员，比恩手上薪水的总预算是4千万美元，有些球队的总预算差不多是这个数字的三倍。我在前面讲过，运动家队在2000年和2001年都是美国联盟西区的第一名，可是在2001年季末，队上三个最重要的球员被别队高薪挖走了。另一个例子是2000年至2004年运动家队三个被称为"铁三角"的投手，他们分别是1997、1998和1999年被选中的新秀，按照职业棒球联盟的规则，一个球队拥有一个新秀在小联盟前7年，在大联盟前6年的权利，因此可以付给他们相当低的薪水，等到他们变成自由球员，价码就完全不一样了，例如在1999年被选中的齐托，运动家队在2000年付他20万，2001年付他24万，2002年付他50万美元的薪水，在这段时期，他不但是明星赛球员，还得过赛扬奖，等到2007年，他变成自由球员，和旧金山巨人队签了7年1亿2千6百万美元的合约，在当时那是一个投手空前的薪水，这也说明在选秀时选对人的重要。手上的钱不多，比恩就根据统计数据的指引，发掘一些被别人忽略或者轻视的、有才华的球员，可是到了后来，没有钱就留不住他们了。

洋基队有一位在大联盟打了12年、已经明显走下坡的老将贾斯蒂斯（David Justice），运动家队在2002年把他交易过来，打出精彩的一年。在芝加哥白袜队有7年历史，尤其是在2000年至2002年有杰出表现的多伦（Ray Durham），在2002年季末交易期截止以前，被交易到运动家队，帮助运动家队打入季末赛，可是第二年运动家队根本出不起高薪把他留下来，他就和旧金山巨人队签了两千万美元的三年合约，其实，精明的比恩早就预料到这个事情会发生，只是想短期"租用"多伦一小段时间而已。

哈特伯格（Scott Hatteberg）在波士顿红袜队有6年当捕手的经验，因为手肘神经受伤，以为他的职业生涯要宣告结束了，比恩因为他有很高的上垒率和他签了一年合约，把他改成一垒手，按照统计数据，哈特伯格很会小心选球，不轻易挥棒，他打击时对投手投的第一个球不挥棒的百分率是美国联盟最高的，整体不挥棒的百分率64.5%，在美国联盟排名第三，要晓得这不但是不轻易对坏球挥棒，也对投手造成心理上的压力。

2002年，运动家队以103胜59败的纪录，获得美国联盟西区的冠军，可是在季后赛中第一轮，就以2比3之差，输给了明尼苏达的双子城队。不过这一年运动家队最激动人心的是在美国联盟历史里最高的20场连胜纪录，2002年9月4日，运动家队和堪萨斯城皇家队对决，运动家队已经连赢19场了，一上来三局，运动家队得6分、1分、4分，以11比0领先，皇家队追了5分，再追5分，第9局上半局又得1分，打成平手，第9局下半局，选球好手哈特伯格代打，第一个球是坏球，接下来，他打出一个空垒的全垒打，缔造了20场连胜的新纪录，奥克兰全城都疯狂了。

10年之后，比恩还是运动家的总经理，他的合约已经延长到2019年，这10年来，运动家队的表现可是说是平平，不过，在职业棒球界里，用统计数据作为评估的工具，已经逐渐吸引了许多追随者了。

讲到这里，让我跳出体育运动这个领域，打一个岔，当我们评估一所大学的学术地位和教育功能的时候，我们要计算教授们发表了多少篇SCI（美国《科学引文索引》）论文，得了多少世界级奖项，获得了多少研究经费补助，还要算教授的数目和学术出身、学生的数目和入学标准、校友们的捐款、在企业界的风评等，最后算出来的是一个全球前五百大学排名的次序。

还有，选取诸如初中会考成绩、社会服务、生涯规划、奖惩纪录、体能健康等作为指标，算出来一个比序的分数，作为一个学生入学的门槛。用意都是和体育运动里，用短码冲速的时间、安打的数目来评估运动员的潜力和成就相似，可是这些指标还需要一些时日来证明它们的准确和适用程度。

延展阅读：数学与科技时代的压缩逻辑

从远古时代开始，文字的发明让我们可以储存语言的资料；照相机发明于1820年左右，让我们可以储存图像的资料；爱迪生于1877年发明留声机，让我们可以储存声音的资料；电影发明于1895年，让我们可以储存动画的资料。有了计算机之后，文字、语言、图像、声音、动画的资料都可以用0和1来表达，也就可以由计算机来处理，用存储器来储存，并且透过网络来传送。当用0和1以某一个形式来表达资料时，资料压缩就是指能否找到另一个形式，以较少的0和1来表达。资料压缩是一项重要的技术，可以减少储存空间和传送的时间。

资料压缩的技术可以分成两大类：无失真压缩（Lossless Compression）与失真压缩（Lossy Compression）。无失真压缩减少使用0和1的数目，但原来的资料仍保持完整无缺，原因是原始资料的表达形式不见得是最有效率的，因此可以有改进的空间；而失真压缩减少了更多0和1的数目，并造成一部分原始资料消失了，如果消失的部分不是那么重要的话，为了让资料量变得更小，倒也是一个值得的代价。

先来看几个资料压缩的例子：从19世纪电报的发明开始，工程师已经订了一个规格，用由5个0和1的组合来表示英文里的字母a、b、c、d……5个0和1可以产生32个不同的组合，对26个英文字母已足够了，但是为了区分大写和小写，再加上标点符号等，所以在1960年代订定了至今大家仍相当熟悉的ASCII（American Standard Code Information Interchange）规格，使用由7个0和1的组合来表示英文字母和标点符号。7个0和1有128个不同的组合，已足够大小写及标点符号的需求了。

因此，一篇有1000个字母和标点符号的文件就要用7000个0和1来表达，这些0和1的资料有没有不失真压缩的可能呢？

答案是可能的，语言学家分析过26个字母在英文里使用的频率，e是最常用的字母，频率是12%，其次是t的9%，a是8%，接下来是o、i、n；在另一个极端，z是用得最少，0.07%，q是0.09%，x是0.1%，如果我们不硬性地用一连串7个0和1来代表每一个字母，可以用比较少的0和1，例如一连串5个或者6个0和1来代表比较常用的字母，用比较多的0和1，例如一连串8个或者9个0和1来代表比较不常用的字母，那么平均下来可能用不到7000个0和1，就能达到压缩的目的了。

如果我们硬性地用一连串7个0和1来代表每一个字母，那么当我们接收到转送过来的0和1的时候，只要把每7个0和1切开来就对了，如果不同的字母用不同数目的0和1来代表的时候，应该怎样把传送过来的0和1正确地切开来呢？常用的字母用比较少的0和1，不常用的字母用比较多的0和1来表达，"常用"和"不常用"，"比较多"和"比较少"这些观念都可以精准地量化，在信息科学里"霍夫曼树"（Huffman Tree）的方法就同时回答了这两个问题。

在19世纪，电报通讯技术发明的时候，英文字母是用一连串短的点"·（dot）"和长的划"—（dash）"来代表的，例如e用点"·"来代表，i用点点"··"来代表，a用点划"·—"来代表，g用划划点划"——·—"来代表，也符合常用的字母用比较短的信号来代表的观念。

这个例子也指出资料压缩里一个重要的观念，那就是压缩的效率和资料的内容有关，当我们传送一份用英文写的文件的时候，上面讲的压缩方法是相当有效的，但是如果传送的是一份闽南语罗马字拼音的文件，那么a、b、c、d、e……的使用频率可能和英文不同，上面讲的压缩方法，效率可能不会那么高，甚至可能适得其反，增加要使用0和1的总数了。

第二个我要讲的例子，使用了相似的观念，那就是常用的字和词汇用比较精简的形式来表达，以达到资料压缩的目的。用过微软 Windows 操作系统的读者，都知道 WinRAR 是常用的资料压缩的工具，WinRAR 和其他压缩工具的基本观念是，每一个文件都会有用得比较多的字和词汇，譬如说一份有关股票市场的报告，"买超""卖超""涨停板""跌停板"这些词会重复出现，一份有关能源的报告，"节能""减碳""替代能源"这些词会重复出现，所以如果对每一份文件，先制作一本字典，这本字典有几千个在这份文件里出现得比较多的字和词，这些字和词有一个相对的数字代号，当字典里的一个词在文件里出现的时候，例如"涨停板"，我们不必把"涨停板"三个字传送出去，而且它在字典中的数字代号，譬如说"168"传送出去就可以了，这也是不失真的资料压缩。

其中有几个重要技术问题，第一，在传送那一端怎样把这部字典建立起来，要不要先把整个文件先浏览一遍？答案是不需要，这部字典可以边传送边建立。第二，要不要把在传送端建立起来的字典单独传送到接收端？答案也是不需要的，因为这部字典可以在接收端边接收边建立。第三，这部字典可以在传送的过程中动态更新。有兴趣的读者可以去看看一个叫做 Lempel-Ziv 的压缩算法，那是这些观念的理论基础。当然根据这些观念制作出来资料压缩软件，有很多聪明、巧妙的细节。

以第三个资料压缩的方法叫做"连续长度编码法"

（Run-Length Encoding），譬如说我们要传送一连串的011100001，可以直接把011100001传送出去，也可以传送0、3个1、4个0、1，不直接传送111而传送（3个1），不直接传送0000而传送（4个0），可能是多费了力气增加要传送的0和1，但是如果我们要传0、15个1、32个0、89个1，那就比直接传送0111111……来得有效率了。

当我们存送一张图像的时候，会用0来代表白色，1代表黑色，如果图里有一大片白色的空白或者一大片黑色背景的时候，那就是一长串的0和一长串的1，那么连续长度编码就是有效的资料压缩方法了。

第四个压缩方法叫做"差额编码"（Delta Encoding），例如我们要把班上学生考试的成绩记录下来，可以写97、93、95、86……，但也可以写97、-4、+2、-9，表示第一个学生成绩是97，第二个学生的成绩是第一个学生的成绩-4等于93，第三个学生的成绩是第二个学生的成绩+2等于95。因为学生的成绩彼此之间往往相差不大，差额编码可以有助于资料的压缩。当我们传送动画里一连串的画面的时候，例如电影一秒钟有大约30张画面，所以两张画面之间的差异是很少的，因此可以传送第一张画面，然后传送第二张画面和第一张画面之间的差异，第三张画面和第二张画面之间的差异。还原的时候，可以把第二张画面从第一张画面还原，第三张画面从第二张画面还原，也就达到资料压缩的目的了。

最后，让我举一个失真资料压缩的例子：音乐里有不同频率的声音，如果某一个频率的声音强度很大，另一个频率的声音强度很小，即使把这个强度小的频率拿掉，我们的耳朵也是分辨不出来的，使用MP3的形式来储存和传送的音乐，就是根据这一原理来做资料压缩，不过这些被拿掉的频率就无法再还原了。

在文学里，也有许多资料压缩的例子：正体字和相对的简体字，可以看成资料压缩的例子，灰尘的"尘"，简体字写成"小"字下面一个"土"字，既减少了笔画，小的土还是尘的意思，太阳的"阳"字，简体字是耳朵旁加一个日字，都可以说是不失真的压缩例子，至于把干燥的"干"、能干的"干"和干戈的"干"都写成"干"字，那就是失真的压缩了。

有人看过《三国演义》《西游记》原著，也有人只看过连环画版，连环画是原著失真的压缩版；被称为中国文学四大奇书的《金瓶梅》，多年来在市面上流通的版本都把原著里被认为不符合社会道德标准的段落删掉，这就是所谓"洁本"，清洁的版本，在洁本里很多地方就有"括号以下删去三五二字"这种注解，至于洁本是原本的不失真压缩版还是失真压缩版呢？那倒是见仁见智了。中国有名的小说家贾平凹1993年出版的小说《废都》里也和洁本《金瓶梅》相似，有许多"括号以下删去三五二字"这种注解。

唐朝诗人王之涣有一首题目是《出塞》的七言绝句：

　　黄河远上白云间，一片孤城万仞山。

　　羌笛何须怨杨柳，春风不度玉门关。

据说乾隆皇帝有一次吩咐手下的一位大臣把这首诗写在扇面上，这位大臣不小心把"黄河远上白云间"这一句里的"间"字写漏掉了，28个字的诗被压缩成27个字，皇帝正要发怒的时候，这位大臣不慌不忙地解释，我写的不是每句7个字的《出塞诗》而是长短句的《出塞词》，这首词是这样念：

　　黄河远上，白云一片，孤城万仞山。

　　羌笛何须怨？杨柳春风，不度玉门关。

这算不算是不失真的压缩呢？

相信大家都念过宋朝诗人朱淑真写的一首诗《生查子》，不过也有人说这是欧阳修写的：

　　去年元夜时，花市灯如昼。月上柳梢头，人约黄昏后。

　　今年元夜时，花与灯依旧。不见去年人，泪湿春衫袖。

这首诗里，朱淑真用的就是资料压缩里"差异编码"的技巧，前面四句是动画里的第一张画面，描写去年元夜的情景和人物，后面四句是动画里的第二张画面，这四句指出今年元夜和去年元夜的唯一差异就是不见去年人而已。

至于唐朝诗人崔护写的一首诗《题都城南庄》：

去年今日此门中，人面桃花相映红。

人面不知何处去，桃花依旧笑春风。

去年今日此门中，人面桃花相映红，那是第一张画面；人面不知何处去，桃花依旧笑春风，这是第二张画面，也不正是去年和今年之间"差异编码"的例子吗？

魔术中的数学逻辑

PART

魔术和数学

什么是魔术呢？在一般人的心目中，现实的世界里，有些他们认为是不可能的事情，但是魔术师却可以把这些事情做出来，这就是魔术。魔术师有一些一般人不知道的信息、方法或者动作，靠这些信息、方法或者动作，把这些似乎是不可能的事情做出来。这些信息、方法或者动作都是魔术师不会轻易透露的秘密，这些秘密是他们维持专业的关键。

在学术世界中，有一个类似现象：在一般人的心目中，数学的世界里，有些一般人认为是不能够解决的题目，但是数学家却会把答案找出来。数学家有一些大家想不到的思路和方法，靠着这些思路和方法，把这些似乎无解的难题解出来。而且，数学家，特别是现代的数学家都会尽快把这些思路和方法公开，因为数学家靠这些公开的资料来维持他们的声誉和地位。

至于魔术呢？大家都看过许多不同的魔术表演：例如

一只大象在舞台上突然消失了；魔术师的助手躺在木箱里，木箱从中间被切割成两段，可是助手后来又完好如初地出现；魔术师从帽子里抽出一只又一只鸽子。

这些得靠特殊的道具和方法。不过，这可不是我要讲的，我想谈的是魔术师靠着一些没想到的数学推论，就可做出一些大家以为不可能的事情。

我会说出其中的秘密，大家听明白了之后，就真的可以当起魔术师了。

我会用很多扑克牌的魔术为例。让我先解释几个名词：一副扑克牌有52张牌，分成4种花色，黑桃、红心、方块和梅花，大家都知道黑桃和梅花是黑色的，红心和方块是红色的；每一种花色有13张牌，那就是Ace、2、3、4、5、6、7、8、9、10、Jack、Queen、King；当我们将一叠牌放在桌上，最上面那一张就是第一张，最底下那一张就是第52张；一张向下放置的牌是指花色和点数向下，只能看到牌的背面，一张向上放置的牌是指花色和点数向上；把一张牌翻转就是从向下翻成向上，或者从向上翻成向下；洗牌是统指把一叠牌的次序改变，在下面我们会讲到不同的洗牌方法。

01 条条道路通罗马：克鲁斯卡算法

有一套有名的魔术叫做"条条道路通罗马"（All roads lead to Rome）。"条条道路通罗马"是一句英文成语，古罗马帝国时代，罗马是一切活动的中心，因此，那时的确从任何地方，每一条路都或者直接通到罗马去，或者连接上通到罗马的路。

在中文里，也有"殊途同归"这句成语，出自《周易·系辞下》："天下同归而殊途，一致而百虑"。

这套魔术不需要把牌按照一个预定的顺序排起来，不靠任何手法，不玩任何花样，可以说是数学里的自然现象，像物理学的地心引力一样。可是，等到1970年代才被一位有名的物理学家克鲁斯卡（Martin Kruskal）发现，而且可以用魔术的方式呈现出来。

魔术师拿出一副扑克牌，把牌洗好一张一张在桌上排成几行，只要排得整整齐齐，多少行、每行有多少张都没关系。魔术师先把游戏规则说清楚：请观众从1到10选一个秘密数字放在心中，譬如说是"5"吧！观众就从第一张牌开始数，1、2、3、4、5往前跳五张牌，然后按照第五张牌的点数继续往前走，譬如说第五张牌的点数是7，那就1、2、3、4、5、6、7往前跳7张牌，再按照这张牌的点数，继续往前走，Ace算1点，King、Queen、Jack都算5点。这样一路，蹦蹦跳跳往前走，迟早会走到一张不能继续往前走的牌，什么叫做不能继续往前走呢？当跳到一张牌的点数譬如是10，但是前面已经没有足够的10张牌可以继续往前走，那就得停下来。这张牌就是这位观众的"罗马"，实例可见图2-1，其中的★标记每一次跳到的牌。

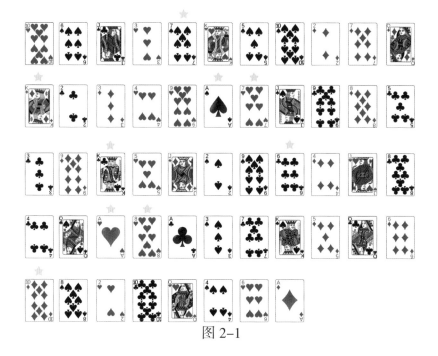

图 2-1

说完游戏规则之后，魔术师就说，我先出去散步，你们来洗牌，怎样洗都没关系，甚至可以把牌丢在地上，重新捡起来，再把牌一张一张排起来。接下来，找一位观众，请他选定一个秘密数字，并且按照前面讲的游戏规则走完他该走的路。

这时候，魔术师回来了，他只会看到排列得整整齐齐的牌，既不知道这位观众选的那个秘密数字，也不知道哪一张牌是这位观众的"罗马"，魔术师凝视着桌上的牌一会儿，又凝视这位观众做"心电感应"，最后就把这位观众的"罗马"那一张牌指出来了！许多读者可能会问："这怎么可能？"且听我把背后的道理解明出来。

首先，魔术师从外面走回来之后，他装模作样地凝视着桌上的牌，其实，他自己默默地从1到10中间选了一个数字，然后，按照刚才他告诉观众怎样从这个数字开始数牌的规则，一步一步往前走，当他走到他自己的"罗马"停下来时，他就指着自己的"罗马"告诉观众，这就是您的"罗马"！

聪明的读者马上说，如果魔术师想碰运气，希望他默默地选出来那个数字正好和观众选的秘密数字一样，那么他猜对的概率只有1/10呀！事实上，魔术师不必也无法正确地猜出观众选的秘密数字，可是，不管魔术师从1到10中选了哪一个数字，从这个数字开始，按部就班地一步一步往前走，最后他的"罗马"和观众的"罗马"会是同一张牌的概率大约是80%！

为什么？观众选了一个秘密数字，一步一脚印地走到他的"罗马";魔术师也按照他默默选的那个数字，一步一脚印地走到他的"罗马"，如果在他们两个人走过的路上，有一个重叠的脚印，那么从那个重叠的脚印开始，他们两个人走的两条路就合而为一，因此也就到达同样的一张牌作为"罗马"了。这就是"条条道路通罗马"。

为什么观众和魔术师一开始时，虽然选了两个不同的数字，却有80%的机会到达同一个"罗马"呢？

数学家建立了几个数学的模型来作分析，但是，这其中必须包括对排列在桌上的牌的点数分布以及观众选择的秘密数字的分布的概率估计，因此无法断言绝对精准，让我提出一个简单的直觉解释，52张扑克牌点数的总和是：

$$4 \times (1 + 2 + 3 + \cdots\cdots + 10 + 5 + 5 + 5) = 280$$

所以一张牌的平均点数是280/52＝5.38，也就是每跳一次的平均距离。如果观众和魔术师在他们的路上不同的两张牌上各跳一次，他们跳到同一张牌的概率是1/5，跳到两张不同的牌的概率是4/5。我们一共有52张牌，每跳一次的平均距离是5.38，从开始大约平均跳10次才到达"罗马"，因此，跳了10次，观众和魔术师都不碰头的概率是$(4/5)^{10}=0.107$，所以，碰头的概率是$1-0.107 = 0.893$。

有数学家用另一个模型算出，观众和魔术师始终碰不上头的概率是$\left(\dfrac{5.38^2 - 1}{5.38^2}\right)^{52} = 0.162$

所以，碰头的概率是 1−0.162 = 0.838。

经由计算机的模拟，80%的成功率这个估计也得到相当可靠的验证：譬如说，我们派 100 万副牌，每一副牌让魔术师先选定一个"罗马"，模拟结果，在观众走的 10 条路里：

全部 10 条路都到达魔术师的"罗马"的概率是 58%，

有 9 条路到达魔术师的"罗马"的概率是 8%，

有 8 条路到达魔术师的"罗马"的概率是 8%，

有 7 条路到达魔术师的"罗马"的概率是 7%，

有 6 条路到达魔术师的"罗马"的概率是 6%，

有 5 条路到达魔术师的"罗马"的概率是 5%，

有 4 条路到达魔术师的"罗马"的概率是 4%，

有 3 条路到达魔术师的"罗马"的概率是 2.5%，

有 2 条路到达魔术师的"罗马"的概率是 1.4%，

有 1 条路到达魔术师的"罗马"的概率是 0.1%，

所以，魔术师答对的概率是：

$$0.58 \times 1 \ + \ 0.08 \times 0.9 \ + \ 0.08 \times 0.8 \ + \ 0.07 \times 0.7 \ +$$
$$0.06 \times 0.6 + 0.05 \times 0.5 + 0.04 \times 0.4 + 0.025 \times 0.3 + 0.014 \times 0.2$$
$$+ \, 0.001 \times 0.1 = 0.8524$$

这些模拟结果也可用另一个方式表达：观众走的 10 条路里，全部到达同一个"罗马"的概率是 58%，到达两个不同"罗马"的概率是 40%，到达三个不同"罗马"的概率是 2%。

请注意，即使观众走的 10 条路只有 8 条路到达魔术师的"罗马"，另外，两条路可能到达同样的另一个"罗马"，也可能是另两个不同的"罗马"；即使只有 7 条路到达魔术师的"罗马"，另外三条路也可能到达同样的另一个或者另两个或者另三个不同的"罗马"。

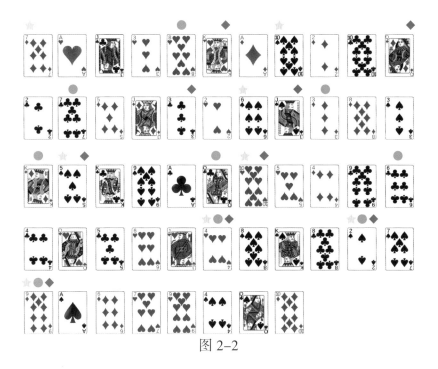

图 2-2

图 2-2 是另一个实例，当中的 10 条路都到达同一个"罗马"，方块 9。★、●、◆标记不同的三条路上每一次跳到的牌。

从这些分析的结果，让我提供几个玩这套魔术的时候，技术层面的小地方：

一、作为魔术师，您默选的数字是1，会增加成功的概率。

二、如果King、Queen、Jack的数值改为3，甚至干脆改为3、2、1，也会稍稍增加成功的概率。

三、如果您的"罗马"答案是错的，您可以用心电感应的力度不够强为借口，默默再选另一个数字再数一次。当然您也得有点好运，数出一个不同于您第一次数出来的"罗马"。

四、每玩一次，重新洗牌，否则观众就容易发现，不管他选什么秘密数字，到达的"罗马"都是一样的了。

这套魔术的名字也叫做"克鲁斯卡算法"（Kruskal Count），在网络上还可以找到玩这套魔术的软件。

在柯南·道尔（Arthur Conan Doyle）的福尔摩斯短篇故事《法兰西斯卡法克斯女士失踪案》（The Disappearance of Lady Frances Carfax），有一句福尔摩斯对助手华生说过、常被引用的话："当您沿着两条不同的思路思考时，您会找到一个相交点，那应该就相当接近真相了。"

02 五子登科

接下来，让我介绍一套魔术名称叫做"五子登科"。

"五子登科"是一句吉祥话，祝福别人的儿子都有很好的成就，这句成语的出处是：五代后晋时期燕山有一位名叫窦禹钧的人，他的5个儿子都取得功名，因为他居住于燕山府（现天津市蓟县），所以也被称为窦燕山，《三字经》里有"窦燕山，有义方，教五子，名俱扬"这几句。不过，现今社会也有现代版的"五子登科"，那就是妻子、孩子、房子、车子和票子。

闲话休说，言归魔术"五子登科"。这套魔术是这样的：

魔术师找了5位观众，站成一列，将一副扑克牌交给第一位观众，请他随机"切"，"切"就是前面讲的"拦腰一斩"，把牌分成上半份和下半份，然后把上半份放在下半份的底下。接下来请他传给第二位观众去"切"，再传给第三位、第四位、第五位观众去"切"。

魔术师又装模作样地表示：这样恐怕还不够，请第五位观众把牌传给第四位观众再"切"，再传给第三位、第二位、第一位观众去"切"。

最后，魔术师说："好了，请第一位观众抽出最上面的一张牌，再传给第二位观众抽出最上面的一张牌，然后传给第三位、第四位、第五位观众都依序抽出最上面的一张牌。"

　　然后，魔术师请大家聚精会神看着自己手上的牌，透过心电感应传递给他。过了一会，魔术师又装模作样地说："5个人传递的讯号，相互交错，有点混乱，请大家帮个忙，手上拿红牌的人请往前踏一步。"接下来，魔术师就把这5个人手上那5张牌一一说出来了。

　　这套魔术的奥妙在哪里呢？

　　首先，魔术师那叠牌一共只有32张，而且是按照预定的顺序排列。

　　其次，我们前面已经讲过把32张牌排成一个圆圈，不管如何反复地"切"，牌的先后顺序是不会改变的，唯一改变的是那一张牌成为这叠牌最上面那张牌而已。换句话说，牌传来传去、切来切去，都是假动作，最后还只是在圆圈上某一点开始选出5张牌而已。

　　第三，这32张牌只是按照它们的颜色（红和黑）来排列，跟牌的花色和点数完全没有关系，换句话说，花色和点数都是无关重要的信息。如果，我们把32张牌排成一个圆圈，把任何连续5张牌的颜色的模式念出来，譬如说：红红红红红、红红红红黑、红红红黑红、红红黑红红，到最后，红黑红红红、黑红红红红等等，只要这32种红黑的模式不一样，我们就可以从红黑的模式知道，那是圆圈上那5张连续的牌了。如图2-8所示。

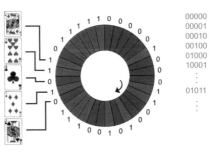

图2-8

谈到这里，大家才恍然大悟，当魔术师说心电感应讯号有杂音，请拿红色牌的人往前跨一步时，目的就是要知道这连续5张牌红黑的模式。然后他就可以决定是哪5张牌了。

让我交代一下小小的技术问题。当魔术师知道连续的5张牌红黑的模式之后，他或者靠惊人的记忆力，或者靠一张小抄，甚至把小抄存在现场的计算机里，他就可以把这5张牌的花色和点数念出来了。

讲到这里，我得回答最重要的一个问题：可不可能把32张牌排成圆圈，让连续五张牌红黑的模式都是不相同的呢？

这个问题的答案来自"图论"（Graph Theory）里一个叫做"欧拉回路"（Euler Circuit）的观念。我们不但可以证明，对4、8、16、32、64……2k张牌，都是可能的，而所有可行的排列方法的数目已经由一位荷兰数学家狄布恩（Nicolaas Govertde Bruijn）在1946年算出来：

4张牌时，只有1个。

8张牌时，有2个。

16张牌时，有16个。

32张牌时，有2048个。

2k张牌时，有$2^{2^{k-1}-k}$个排列方法。

上述这些排列方法也就被称为"狄布恩序列"（de Bruijn Sequence）。至于，如何去找一个或者所有的"狄布恩序列"呢？有兴趣的读者可以去找出不同的现成算法。让我提供几个例子，为了便于读和写，我用"0"代表红，"1"代表黑：

4张牌，唯一的"狄布恩序列"是0011。

8张牌，一个"狄布恩序列"是00010111。

16张牌，一个"狄布恩序列"是0000111101100100。

32张牌，一个"狄布恩序列"是00000100100000011111 0001101110101。

有了"狄布恩序列"，我们可以随意地找红色和黑色的牌按照序列排起来，那就可以变魔术了。

明白这个之后，我们就知道也可以用64张牌变"六子登科"的魔术，因为使用重复的牌是没有影响的。让我讲一个小小的变化：

若魔术师只用32或64、128张牌的时候，有数学经验的观众一定会想到这和2k有关，因此一定有些数学的观念在后面，一个比较不会引起疑窦的做法，是用一整套52张扑克牌。当然，52张牌排成一个圆圈，5张连续牌的红黑模式只有32个，所以，这52张牌中一定会有重复的红黑模式。

但是，我们可以把这52张牌排起来，使得5张连续牌的红黑模式里，只有20个是每个重复一次，而其余12个是不重复的。当观众告诉魔术师他们手中5张牌的红黑模式时，魔术师从小抄里可能找出一个答案，就是那12个没有重复的红黑模式；也可能找出两个答案，就是那20个重复的红黑模式，这个时候魔术师可以巧妙地从两个答案里选出正确的答案。

举例来说，这两个答案里，一个的第一张是红心7，另一个的第一张是方块5，他问第一位观念，您哪一张牌是不是红心7呀？如果，观众说："是！"，那就是第一个答案，否则那就是第二个答案。

"五子登科"这套魔术基于"狄布恩序列"，那就是把2^k个0和1排成一个圆圈，在圆圈上任何k个连续的0和1的模式都是和其他不同的。在中国文学里也有所谓"圆环诗"，让我举一个例子：把"赏花归去马如飞酒力微醒时已暮"十四个字排成一个圆圈，就可以唸出一首7言绝句："赏花归去马如飞，去马如飞酒力微，酒力微醒时已暮，醒时已暮赏花归。"

但是，"狄布恩序列"可以用顺时针方向、也可以逆时针方向来读。在中国文学里也有相似的例子：把"莺啼岸柳弄春晴夜月明"十个字排成一个圆圈，顺时针、再逆时针方向：

"莺啼岸柳弄春晴，柳弄春晴夜月明，明月夜晴春弄柳，晴春弄柳岸啼莺。"

如图2-9所示。

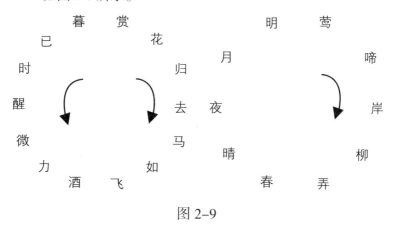

图 2-9

03 狄布恩序列的另三种魔术

五子登科的延伸"五子登科"这套魔术给了我们一个启示：假如按照一个预定的顺序把一叠牌排列起来，只要知道部分的讯息——例如：

在"五子登科"里，是连续5张牌的红黑的模式，就可以决定那5张牌是什么了，让我介绍三套相似的魔术。

　　第一套是拿一副完整的52张牌的扑克牌，依着一个预定的顺序排起来，请三位观众轮流反复切洗，然后从最上面每人抽取一张牌，报出手上的牌的花色，魔术师就可以说出那三张牌是什么了，这套魔术的基本观念是把52张牌按照黑桃、红心、方块、梅花四种花色依照预定的顺序，排成一个圆圈，这个顺序保证任何连续三张牌的花色模式都是和其他连续三张牌的花色的模式不同的，因此，魔术师就可以断定那三张牌是什么了。

　　这个预定的顺序是如何决定的呢？让我给大家一个提示就足够了："狄布恩序列"的观念并不限于0和1，或者红和黑，可以推广到0、1、2和3，或者黑桃、红心、方块和梅花。

　　第二套魔术和上面相似，不过，三位观众的第一位说出他手上的牌的点数，例如7；第二位说出他手上的牌的花色，

　　例如：梅花；第三位什么都不需要说，魔术师就可以断定这三张牌是什么了。

　　这个时候，大家都明白背后的道理了。我们只要把牌依着一个预定的顺序排起来，对任何连续三张牌，只要知道第一张牌的点数，第二张牌的花色，就可以决定这三张牌是什么了。

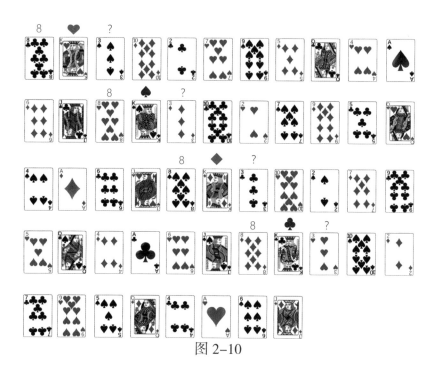

图 2-10

图2-10展示一个这样的顺序。

第三套魔术背后的数学比较复杂，我只把魔术的过程为大家描述一下。

和前面一样，5位观众轮流切牌，然后每人抽出一张，魔术师请同花色的站在一起，比方：第一位拿梅花8、第二位拿方块4、第三位拿方块Jack、第四位拿红桃Ace、第五位拿梅花10。第一位和第五位拿的是梅花，他们站在一起，第二位和第三位拿方块，他们站在一起；第四位拿的是红桃，他独自站在那里，魔术师只知道同花色站在一起，连他们拿的是什么花色都不需要知道，就可断定这5张牌是什么。

这背后的数学的细节我就不在这里讲了。

04 "三娘教子"与汉蒙洗牌

另一套有趣的魔术叫做"三娘教子"。

"三娘教子"是京剧里相当有名的一套戏：明代有一个叫做薛广的读书人，他出外做生意，留在家中三个老婆，妻张氏、妾刘氏和三娘王春娥，刘氏生了一个儿子叫做倚哥。薛广在外头托一位同乡送500两白银回家，供应家人生活所需，可是这位同乡私吞了白银，并且带回来一口空棺材，说薛广已经身亡了；薛家从此家道中落，张氏和刘氏都改嫁了，只留下三娘辛辛苦苦地抚养教育倚哥。后来薛广不做生意，从军去了，官至兵部尚书，倚哥也不负三娘的教育，金榜题名，中了状元；三娘也劝张氏和刘氏回到家，全家团圆。

所以，"三娘"是指第三位夫人。可是，现在打麻将时，如果，三位女士加上一位男士凑成一个牌局，就被戏称为"三娘教子"，迷信的人认为在"三娘教子"的牌局上，"儿子"是一定输钱的。

为什么这个魔术叫做"三娘教子"呢？且请听我慢慢道来。

请一位观众随手抽出四张牌，全部向下，都不要给魔术师看。魔术师请一位观众看清楚最底下那一张牌，并牢牢记住，然后魔术师指示他依照下列步骤来做：

第一步，把最上面也就是第一张牌放在最底下；接下来，将现在最上面那一张牌，翻过来。换句话说，现在那一叠四张牌，

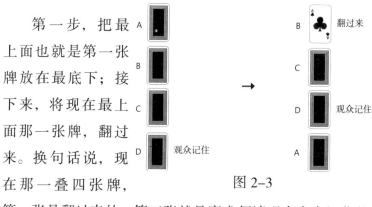

图 2-3

第一张是翻过来的，第三张就是魔术师请观众牢牢记住的那张牌，如图2-3所示。

第二步，魔术师就教他洗牌。洗牌有两个动作，统称为"汉蒙洗牌"（Hummer Shuffle），那是魔术师汉蒙（Bob Hummer）发明的：第一个洗牌的动作叫做"拦腰一斩"，那就是随意把一叠牌分成上下两份，并不要求这两份牌的数目相同，把上面那份放到下面去。第二个洗牌的动作叫做"换位置换脑袋"，那就是把第一张牌和第二张牌交换位置，而且把这两张牌都翻过来，换句话说原来是向下的，

翻成向上，原来是向上的，翻成向下，如图2-4所示。

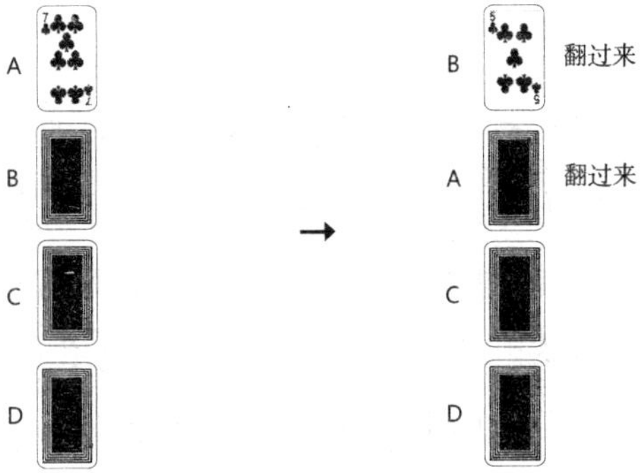

魔术师请这位观众随心所欲地，按照"汉蒙洗牌"把前面那叠牌洗乱，换句话说，随意"拦腰一斩"，一斩再斩，随意"换位置换脑袋"，一换再换。

图 2-4

好了，魔术师要收尾了，他请这位观众把洗好的那叠牌最上面一张翻过来，放到最底下，再把目前最上面一张，放到最底下，然后，把目前最上面一张翻过来，如图2-5所示。答案出来了：把这四张牌一列排开，如果有三张牌是向上的，那么向下那一张就是这位观众牢记的那张牌；如果有三张牌是向下的，那么向上那一张就是这位观众牢记的那张牌。这就是"三娘教子"！在图2-5的例子里，梅花A就是这位观众牢记的牌。

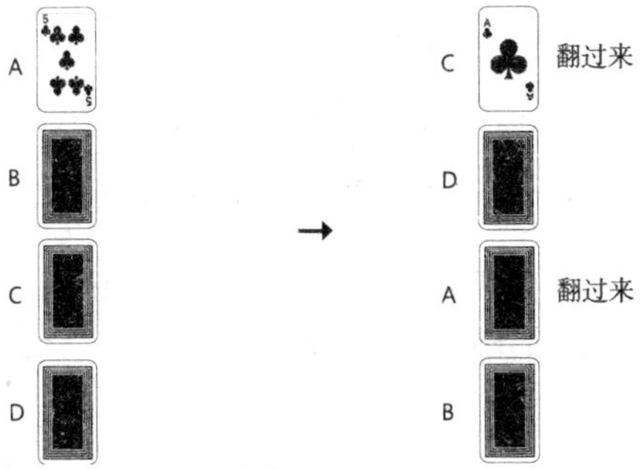

您马上会问，如果四张牌都向上或者向下，或是两张向上或两张向

图 2-5

下，该怎么办呢？您放心，这不可能发生，让我解释为
什么。

　　首先，一叠四张牌，我们把它们按照地理上东南西北
的方向放下来，最上面那一张牌放在"东"的位置，然后
按照顺时针也就是地理上东南西北的次序把其他三张牌放
下来。（请记得在下面的讨论里，不管牌怎样洗，"东"就
是最上面那张牌。）上面讲的第一步"把最上面的一张牌放
到最底下，然后把目前最上面那一张牌翻过来"，结果是
"东"是向上的牌，南、西、北是向下的牌，而且"西"就
是观众牢牢记住的那张牌。

　　接下来，让我们来分析一下"汉蒙洗牌"：首先，如果
四张牌里，有三张向上、一张向下，或者有三张向下、一
张向上，我们就称之为"三娘教子"的排列，并且把方向
与其他三张不同的那张牌叫做"儿子"。第一步之后我们得
到一个"三娘教子"的排列，而且"东"就是"儿子"。我
们要证明"汉蒙洗牌"永远保持"三娘教子"的排列。

　　很明显的，"拦腰一斩"的动作，不会改变这四张牌向
下和向上的方向，只是将四张牌按着顺时钟方向旋转，让
某一张牌变成最上面那张牌而已。

　　一个更容易描述的方法是四张牌不动，用一个标记来
标示哪一个位置是"东"，也就是哪一张牌是最上面那张

牌。（会打麻将的朋友就马上告诉我，这就是打麻将里的庄呀！）接下来"换了位置换了脑袋"的动作中，如果交换的两张牌原来是一张向上、一张是向下的话，换了之后，仍然是一张向上、一张向下，没有改变原来"三娘教子"的排列；如果交换的两张牌，原来都是向上的话，交换了之后变成两张都是向下，也就是说从原来的三张向上、一张向下，变为三张向下、一张向上；如果交换的二张牌，原来都是向下的话，交换了之后变成两张都是向上，也就是说从原来的三张向下、一张向上，变为三张向上、一张向下；也都维持"三娘教子"的排列。

不但如此，不管这位观众怎样用"汉蒙洗牌"来洗牌，"儿子"的对面就是他牢记的那张牌：让我们假设"东"是儿子，"西"是他牢牢记住的那张牌，"拦腰一斩"这个动作，不会改变这两张牌彼此对面的相对位置；至于"换位置换脑袋"的动作，如果"北"和"东"交换，"北"变成"儿子"，如果"东"和"南"交换，"南"变成"儿子"，而且也都对着"西"；如果"西"和"北"交换，"西"和"北"都翻过来，"南"变成"儿子"，而"北"就是原来的"西"，也就是这位观众牢记的那张牌，如果"南"和"西"交换，"南"和"西"都翻过来，上下方向变得和"东"一样，"北"就变成"儿子"，而"南"就是原来的"西"，也就是这位观众牢记的那张牌。

至于最后收尾的动作，把第一张牌翻过来，放到最底下，然后再把目前的第一张牌翻过来，是一个故弄玄虚、混人耳目的动作，其实是把第一张和第三张牌换了位置，并且翻过来，假设"东"是儿子，"西"是这位观众牢牢记住的那张牌，若把"东"和"西"翻过来，"东"、"南"、"北"的上下方向是一样的，"西"的上下方向是相反的；把"南"和"北"翻过来，"东"、"南"、"北"的上下方向是一样的，而"西"的上下方向是相反的，这可不真的神妙无比吗？如图2-6所示

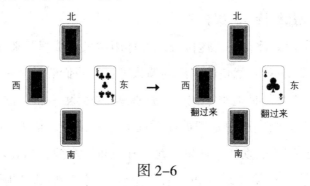

图 2-6

（其实图2-5和图2-6是一样的，图2-5用A、B、C、D，图2-6用东、南、西、北而已）。

05 "模二值"与三套纸牌魔术

首先，一个数字的"模二值"（Modulo2 Value）是它被除2之后的余数，换句话说，任何一个偶数的模二值是0，任何一个奇数的模二值是1。接下来，让我介绍"模二加法"（Modulo2 Addition）：我们有0和1两个模二值，$0 \oplus 0 = 0$，$0 \oplus 1 = 1$，$1 \oplus 0 = 1$，$1 \oplus 1 = 0$。

假设我们有20张牌（其实，这个结果对任何偶数$2n$张牌都是正确的），开始时，全部面向下，我们把这叠牌随意地进行"汉蒙洗牌"，洗完牌，我们记录每一张牌的三个数据：开始的位置：1、2……20，最后的位置：1、2……20，最后的面向：向下或者向上。这三个数据可以比较简单地用a、b、c，三个0和1来代表，a是开始位置的模二值，换句话说，如果这张牌开始的位置是偶数，a是0，如果这张牌开始的位置是奇数，a是1；同样，b是最后位置的模二值；c是最后的面向，0是向下，1是向上。

举例来说，开始时在位置"4"的牌，最后的位置是"9"，最后的面向是向上，那么$a = 0$、$b = 1$、$c = 1$；开始时在位置"3"的牌，最后的位置是"7"，最后的面向是向下，那么$a = 1$、$b = 1$、$c = 0$。

把这20张牌洗完之后，把每张牌的a、b、c算出来，并且用模二加法加起来，例如在上面的例子：

$a = 0$、$b = 1$、$c = 1$；$a \oplus b \oplus c = 0 \oplus 1 \oplus 1 = 0$

$a = 1$、$b = 1$、$c = 0$；$a \oplus b \oplus c = 1 \oplus 1 \oplus 0 = 0$

一个意想不到，在魔术上说是奇妙、在数学上说是美丽的结果是：把这二十张牌的 $a \oplus b \oplus c$ 算出来，结果是完全一样的；要不就全是0，要不就全是1。

为什么呢？因为一开始把20张牌的 a、b、c 写下来，拦腰一斩不会改变 a，也不会改变 c，至于 b 呢？要不就是20张牌的 b 全都没有改变，要不就是全部都改变。所以，20张牌的 $a \oplus b \oplus c$ 的数值完全是一样的；至于换了位置换了脑袋呢？

把目前的第一张牌变成第二张而且翻过来，它的 b 变成 $b \oplus 1$，c 变成 $c \oplus 1$，把目前的第二张牌变成第一张而且翻过来，它的 b 变成 $b \oplus 1$，c 变成 $c \oplus 1$。所以，$a \oplus b \oplus c$ 的数值又都不会改变。了解这个规律后，让我教您三套魔术。

第一套魔术是"阴阳调和"。拿一叠20张牌，全部面向下，交给一位观众，您背着他，请他随意地作"汉蒙洗牌"，洗完之后，把牌摊开来，把偶数的牌翻过来，向下变向上，向上变向下，这个时候您说："我虽然完全不知道您变了什么花样，但是我知道，现在有一半牌是向下，有一半的牌是向上的。"那就是"阴阳调和"。

第二套魔术是"逢黑必反"。拿10张红牌、10张黑牌；黑红黑红相间地叠起来，交给一位观众，请他随意地作"汉蒙洗牌"，洗完牌后，把牌一一摊开在桌面，然后把偶数的牌都翻过来，结果向下的全是黑牌，向上的全是红牌，或者向下的全是红牌，向上的全是黑牌。

为什么？我们在上面讲过，"汉蒙洗牌"之后，这20张牌的 $a \oplus b \oplus c$ 的数值都是一样的，假设 $a \oplus b \oplus c = 0$。对那10张红牌来说，a的数值都是0，洗牌之后：如果b是1，c一定是1，所以这张牌是向上的；如果b是0，c一定是0，所以这张牌是向下的；反过来，对那10张黑牌来说，a的数值都是1，洗牌之后：如果b是1，c一定是0，所以这张牌是向下的；如果b是0，c一定是1，所以这张牌是向上的；最后把偶数的牌都翻过来时，就是把b＝0的牌都翻过来，因此，所有向下的红牌和所有向上的黑牌都给翻过来了。

第三套魔术是"一言惊醒梦中人"。先选10张牌，Ace、2、3、4、5、6、7、8、9、10，按照次序排成一叠交给一位观众，请他随意作"汉蒙洗牌"，洗完之后，魔术师对他说："您只要把洗好的牌的点数逐一告诉我，我会正确地告诉您每张牌的方向是向上还是向下。"譬如说洗完牌之后，观众说第1张牌是7点，换句话说，a＝1（因为开始的位置是7），b＝1（因为最后的位置是1），但是魔术师不知道c是0还是1，所以，他就瞎猜说牌是向上的，如果观众说果然对了！魔术师知道c＝1，那么 $a \oplus b \oplus c = 1$，如果观众说你错了，魔术师则知道$c=0$，并假装说一开始通灵的能力没有热身好，您"一言惊醒梦中人"，下面就一定不会出错了。假设他真的猜对了，魔术师知道$a \oplus b \oplus c=1$，他就问这位观众，下一张是几点，观众说是6点，换句话说，$a=0$（因为开始的位置是6），$b=0$（因为最后的位置是2），所以，c必须等于1，所以，魔术师说牌是向上的。再问，下一张牌是几点，观众说是3点，$a=1$（因为开始的位置是3），$b=1$（因为最后的位置是3），所以，c也必须等于1，所以牌是向上的。因此，第一张牌决定了$a \oplus b \oplus c$的数值之后，以后就不会出错了！

排列的秘密

01 皇家同花顺

在一副扑克牌里，选20张牌，其中5张是黑桃Ace、King、Queen、Jack、10，这5张牌配起来就是扑克牌里最大的一手牌"皇家同花顺"（Royal Flush），我们称这5张牌为"好牌"。另外15张是无关紧要的牌，就称它们为"烂牌"。

魔术师按照任何洗牌方法，把这20张牌洗好，分成两叠，每叠10张，一叠拿在左手，一叠拿在右手，而且都正面朝上，所以魔术师会看到每叠最上面那一张牌是什么。

魔术师将这两叠牌，一张从左手，一张从右手，轮流一左一右拿出，再合成一叠。如果左手拿出来的是"烂牌"，把它正面朝上放，如果左手拿出来的是"好牌"，则正面朝下放；如果右手拿出来的是"烂牌"，则正面朝下放，如果右手拿出来的是"好牌"，则正面朝上放。

首先注意，在合成的那叠牌里，左手的牌占了偶数的位置，20、18、16……2，右手的牌占了奇数的位置，19、17、15……1，因此，在合成的那叠牌里，偶数的位置，"烂牌"向上，"好牌"向下；奇数的位置，"烂牌"向下，"好牌"向上。接下来，我们把这一叠牌，一一再发一次，奇数位置的牌，照着原来的方向发出来，偶数位置的牌，翻过来才发出来，结果是15张烂牌向下，5张好牌都向上，这就是皇家同花顺。

其实，这套魔术的基本道理很简单，魔术师将20张牌，一张一张检视，合成一叠，好牌向上，烂牌向下，不过，那就没有趣味了，魔术师从左手、从右手把牌拿出来，有时向上，有时向下，都是混淆视听的障眼法而已。

让我提醒大家，玩这套魔术时要注意：开始时不要让观众发现你的目的是把那5张好牌向上排出来，否则，当您把左手和右手的牌分别发出时，眼尖的观众会注意到您对烂牌和好牌的处理方法。开始时，您只要说，必须经过洗牌发牌的过程，接着再找出一手好牌。

02 五中取一

接下来，让我介绍一套魔术叫做"五中取一"。

　　这套魔术需要一位助手，助手把一副扑克牌交给一位观众，请他随机抽出5张牌，助手对观众说："我们两个人聚精会神盯着这5张牌，经由心电感应，就可以把这5张牌的花色和点数传递给魔术师了。"

　　过了一会，助手说："今天天气不好，我的身体不舒服，而且现场别人心电感应的信号又很杂乱，魔术师说他只收到这5张牌的部分讯息。这样吧！您拿着这张牌，不要让任何人看，我将另外这4张牌交给魔术师，这样他就可以排除杂乱的心电感应，把您手中拿着的第5张牌的花色和点数感应出来。"很明显的，从助手交给魔术师的4张牌里，有足够的信息，让魔术师决定观众手中那张牌是什么花色和点数。

　　让我们先作一个粗略的估计：魔术师看到4张牌，要靠这4张牌从剩下的48张牌里选出一张牌来，但是，4张不同的牌只有 $4 \times 3 \times 2 = 24$ 个不同的排列，那么助手如何把观众手中那张牌的信息，经由这4张牌传递给魔术师呢？

　　首先，观众手中那张牌是助手帮他挑选的。其次，因为一开始有5张牌，在这5张牌里，一定有两张牌是同样的花色（这就是数学里的"鸽笼原理"，Pigeonhole Principle）。助手就把这两张牌的其中一张，留给观众，另外一张放在交给魔术师的4张牌里的第一张，所以，魔术师就知道观众手中那张牌的花色了。

但是，点数呢？除了魔术师看到那一张之外，还有 12 个不同的点数呀！请注意，在那两张花色相同的牌里，哪一张留给观众和哪一张交给魔术师是有学问在里头的：让我们把 Ace、

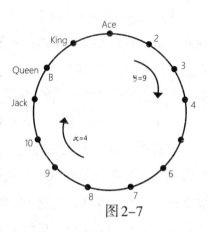

图 2-7

2、3、4……、Jack、Queen、King13 张牌围成一个圆圈，将相同花色的这 2 张牌叫做 A 和 B，我们知道依顺时针方向走。从 A 到 B 的距离，和从 B 出发到 A 的距离一定有一个小于或者等于 6，如图 2-7 所示。假设从 A 到 B 顺时针转的距离小于等于 6，那么助手只要把出发点 A 告诉魔术师，再用另外 3 张牌描述 A 到 B 的距离，魔术师便能算出观众手上的牌 B 了。至于 A 到 B 的距离如何经由另外 3 张牌传递给魔术师呢？那就简单了：3 张牌可以按照点数的大小分成小、中、大（如果点数相同，以花色来分大小，黑桃大于红心大于方块大于梅花），3 张小中大的牌有 6 种不同的排列方式：小中大代表 1，小大中代表 2，中小大代表 3，中大小代表 4，大小中代表 5，大中小代表 6，这就可以用来代表从 A 到 B 的距离了。因为不管观众随机

抽出那5张牌是什么，魔术师都可以把答案找出来，这就
是"五中取一"这个名称的由来。

梅花间竹式洗牌法

接下来的几套魔术都是从"吉尔布雷斯的原则"变化而来（Gilbreath's Principle），那是著名的魔术师兼数学家吉尔布雷斯（Norman L. Gilbreath）发现的。

在前一节讲过的几套魔术里，都规定观众或者用"拦腰一斩"（切牌）的洗牌方法，或者用"换位置换脑袋"的洗牌方法。直觉上来说，观众会觉得魔术师必定预先把牌按照顺序排起来，因为这两种洗牌方法都没有把牌洗得很"乱"。

玩过任何扑克牌游戏的读者，都会记得最常用的洗牌方法，英文叫做riffle shuffle，中文叫做"梅花间竹式洗牌"或者叫做"鸽尾式洗牌"，那就是把牌分成两份，左手拿一份，右手拿一份，然后左边一张、右边一张，左边一张、右边一张地把两份合成来。加上我们一般人的手法没有那么完美，往往就是左边一张、右边两张，左边两张、右边一张，甚至左边三张、右边两张地把两份合起来，直觉来说，即使魔术师预先把牌按照某一序列排起来，这一来就会把预先的序列打乱了。

让我首先指出，这种洗牌的方式叫做"梅花间竹式洗牌"，理由很明显，绘画时，我们要把梅花和竹画得相互交错，古人有"竹映梅花花映竹，主人不剪要题诗"的诗句。至于"鸽尾式洗牌"，"鸽尾"这个词来自英文"dove tail"，是把不同形状的纸片或者木块接合起来的意思。

一个严肃的数学问题是："梅花间竹式洗牌"是真的把一副牌原来的序列完全洗乱吗？首先，在数学上我们要为"乱"（randomness）这个名词下一个精准定义，这个我们无法在这里细说，不过，大家马上看出，经过一次"梅花间竹式洗牌"，左边那一半的牌彼此之间原来的相对顺序，和右边那一半的牌彼此之间原来的相对顺序，在合起来的那一叠牌里还是没有改变的。一个严谨的数学分析的结果说，七八次"梅花间竹式洗牌"才会把一副牌洗得"真正的乱"。

01 吉尔布雷斯原则

"吉尔布雷斯的梅花间竹式洗牌"是"梅花间竹式洗牌"的一个变化。

有 52 张扑克牌，按顺序是 1、2、3、4……49、50、

51、52，随意把它分成（并不一定相等）两份，譬如说第一份是1、2、3……21、22、23，第二份是24、25、26……49、50、51、52。

接下来，把第一份的顺序倒过来变成23、22、21……3、2、1，然后和第二份24、25、26……49、50、51、52作"梅花间竹式洗牌"。例如结果可能是23、24、25、22、26、21、20……。

把52张牌按照几个固定的次序同时排出来，例如：

1. 每2张是红黑……

2. 每4张是黑桃、红心、方块、梅花……

3. 每13张是1、2、3、4、5、6、7、8、9、10、Jack、Queen、King……

吉尔布雷斯的原则说经过"吉尔布雷斯的梅花间竹式洗牌"之后：

1. 每2张一定是一红一黑。

2. 每4张一定是四种花色各一张。

3. 每13张一定是Ace到King各一张。

至于，如何证明吉尔布雷斯的原则呢？说穿了，可真简单！

首先，我们就用A、B、C、D代表四种花色，我们可以试着算算看：

按照ABCD这种次序自左到右一路排开重复13

次，这代表52张牌按照花色的一个固定顺序排开：ABCDABCDABCDABCD……，在这52张牌里，我们随便找一个位置，譬如说第22个位置吧，画一根垂直线把这些牌分成两份，左手一份就是第1 ~ 22张，右手一份就是第23 ~ 52张牌。

"吉尔布雷斯的梅花间竹式洗牌"就是从垂直线的左边拿一两张，再从右边拿两三张，左边再拿一两张，右边再拿一两张牌等等。不管您如何拿，前面四张一定是A、B、C、D，次序不等，接下来四张一定是A、B、C、D，次序不等，如图2-11所示。

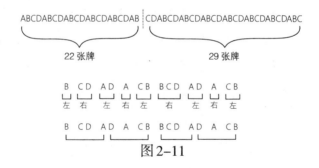

图2-11

这就是吉尔布雷斯原则的证明。至于按照红黑的颜色；黑桃、红心、方块、梅花的花色；Ace、2、3、4……Jack、Queen、King的次序，同时排出来，左边拿一两张，右边拿两三张，左边拿一两张，右边拿一两张，结果还是如吉尔布雷斯原则所述的。

02 诚实和谎言

魔术师拿出一叠20张牌全部面向下，随手切了几次，对一位观众说："请您帮我做一次'梅花间竹式洗牌'，让我数一半给您，1、2、3、4、5、6……10（在数牌时把这10张牌的顺序从上到下1到10变成从下到上10到1），您用左手拿着这一半，用右手拿着剩下的一半，'梅花间竹式洗牌'之后，交还给我。"

接下来，魔术师把这叠牌平分，一张给观众，一张留给自己，一张给观众，一张留给自己，结果观众手里有10张牌，魔术师手里也有10张牌。

魔术师说："我不知道您是不是一位诚实的人？您也不知道我是不是一位诚实的人？我们来比较一下您和我判断'真话'和'谎言'的能力。我让您先来，我一一报出我手里的牌的颜色，也许是诚实，也许是不诚实；您来判断，每一次我讲的是真话还是谎言？"

于是，魔术师说："第一张牌是红色。"观众糊里糊涂地猜是"真话"，牌一翻开来，果然是"红色"的，魔术师说："我很诚实，您的判断是对的！"让我用纸和笔或者用电脑把这个记录下来。

接着，魔术师说："第二张是黑色的。"观众糊里糊涂地猜是"谎言"，牌一翻开来，是"黑色"的，魔术师说：

"我很诚实，您的判断错了！"让我们也把这个记录下来。

接下来，魔术师把牌的颜色一一说出"红"或"黑"，有时说真话，有时说谎言，观众也一张一张地判断，有时对，有时错，最后魔术师说："按照我的纪录，我说了7次真话、3次谎言，您正确的判断6次，错误的判断4次；您判断的能力普通而已，做生意得小心，否则，会被坏人把钱都骗光了。现在，反过来，您一一报出您手里的10张牌的颜色，您可以说真话也可以说谎言，让我来判断。"

当然，每次不管观众说真话，还是谎言，魔术师都正确地判断出来，他是诚实，还是不诚实。

这套魔术的秘密在哪里呢？

让我先把其中的假动作说出来，当魔术师看到他手上的10张牌的颜色的时候，他就已经知道观众手上的10张牌的颜色是什么了，所以，在前半段，魔术师请观众猜，完全是一个假动作：魔术师只不过要趁这个机会，很自然地把自己手上10张牌的颜色逐一抄在纸上，免得在后面一一去看自己的牌来对照。等到观众把他的牌的颜色报出来的时候，魔术师就按照自己手上的牌的颜色来对照，确定观众是讲真话，还是说谎了！

其实，说真话、说谎话也是一个假动作，用来掩饰魔术师早就清楚知道观众手上按顺序每一张牌的颜色。

为什么呢？魔术师预先把20张牌按照红黑红黑红黑的

次序排列起来。首先,很明显的,无论切洗多少次,这个红黑红黑红黑的次序是不会改变的,接下来的"吉尔布雷斯的梅花间竹式洗牌",虽然不再保持红黑红黑的次序,但是按照吉尔布雷斯原则,洗过的牌每两张牌颜色都是不同的,一定是一张红一张黑。举一个例说,如果第一张是红,第二张一定是黑,第三张是红,第四张一定是黑,第五张是黑,第六张一定是红。

当魔术师把这一副牌,一张分给观众,一张留给自己,一张分给观众,一张留给自己,每一次,两张牌的颜色都是不同的。

当观众说出他第一张牌的颜色时,如果和魔术师手上第一张的颜色相反,那是真话,如果和魔术师手上第一张牌的颜色一样,那就是谎言了。

03 五神

第二套魔术叫"五神",简介如下:

魔术师拿着一副完整的52张扑克牌、牌面全部向下,随手切了几次,然后向一位观众说,"请您帮我做一次"梅花间竹式洗牌",让我们把牌分成两份,譬如说左手23右手29吧,1、2、3、4、5、6……这里是23张牌。"一边数一边把牌放成新的一叠牌,使得顺序从1到23变成23到1

（如上所述，请注意这个小动作），"您用左手拿着这23张牌，右手拿着剩下来的29张牌，好好地帮我'梅花间竹式洗牌'一次。"

洗好之后，魔术师说："您想知道这叠牌里的某一张牌是什么吗？"

随便选一个数字吧，譬如，观众说："第9张"，魔术师就说，"那我得先看看前面那8张牌是什么？"

于是把第1张、第2张……前8张都翻过来了，第9张向下放着，魔术师凝视第9张牌一阵子，说看不太出来，让我再多看几张牌吧！便把第10张、第11张、第12张翻过来，魔术师又凝视了一会，说再让我多看几张牌吧！再看了几张牌之后，魔术师说："够了！"就说出第9张牌的点数和花色。

其实，魔术师只要看到前面十多张牌，就可以将其中一张（在这个例子里是第9张）没翻过来的牌的点数和花色说出来。

那么诀窍在哪里？

一开始，魔术师把52张牌按照下面的两个规则排列起来：

1.每4张牌，花色都按照固定的次序排列，例如：黑桃、红心、方块、梅花。

2.每13张牌点数都按照一个固定的次序排列，例如：Ace、2、3、4、5、6、7、8、9、10、Jack、Queen、King。

当然，反复切洗不会改变这些相对的次序。接下来的"吉尔布雷斯的梅花间竹式洗牌"，虽然改变了这些相对的次序，但是却保持下面的特性：

1.每4张牌的花色都是黑桃、红心、方块、梅花，虽然次序并不一定是如此。

2.每13张牌的点数都是Ace、2、3、4、5、6、7、8、9、10、Jack、Queen、King，虽然次序不一定是如此。

这么一来，大家就明白魔术师的秘密了。当观众要知道第9张牌是什么，魔术师只要知道第10张、第11张、第12张的花色，他就知道第9张牌的花色是什么了。魔术师只要知道第一张到第13张牌（第9张除外）的点数，他就知道第9张牌的点数是什么了。

不过，让我指出一些小小的技巧，一开始，当魔术师把52张牌按一个预定的顺序把四种花色排列起来，他不一定要黑桃、红心、方块、梅花这个次序，因为这是大家最熟悉的次序，他可以随便选一个次序。同样，当魔术师把52张牌按一个固定次序把点数排列起来，也不一定要用Ace、2、3、4、5、6、7、8、9、10、Jack、Queen、King的次序，否则，12张牌排开来，观众就容易看出来了。一个西方魔术师常用的次序是8、King、3、10、2、7、9、5、Queen、4、Ace、6、Jack，因为这可以用一句话"Eight kings threatened to save ninety-five queens for one sick knave"

把这个次序记起来。

至于魔术师看完前面13张牌，他就知道结果了，还要多看两三张牌，那又是完全装模作样的假动作。

04 第47页

第三套魔术：魔术师先拿出一张纸，在上面写下一句话，然后郑重其事地把这张纸放在他带来的道具——比方是我出版的《数学的魔法》——底下压住。

接下来，魔术师拿出一副扑克牌，摊开来一看，说我们只喜欢数字，让我们把12张King、Queen、Jack都拿走，剩下来的请一位观众来一次"梅花间竹式洗牌"（洗牌之前魔术师帮忙分叠、数牌，如上所述请注意这个小动作），洗完牌之后，魔术师翻开一张、两张，……一共9张，譬如说是3、10、2、7、9、5、4、1、6，魔术师请观众把这些牌的点数加起来，结果是$3+10+2+7+9+5+4+1+6=47$，魔术师说打开我压在刘炯朗那本书底下的纸，看看上面第一行写的是什么，上面写的是："……于寒冷的北部地方……"，打开刘炯朗那本书，那正是第47页的第一行！

您想知道这其中的诀窍吗？

首先，当魔术师拿走所有的Jack、Queen、King的时候，其实他也偷偷把四张8点的牌拿走，然后把剩下来的36张牌，按照Ace、2、3、4、5、6、7、9、10的次序（或者任何预先选定的次序）排起来，经过切牌和"吉尔布雷斯的梅花间竹式洗牌"之后，最上面的9张牌，一定是Ace、2、3、4、5、7、9、10，按照某一个无关宏旨的次序出现，加起来的总数一定是47，所以，魔术师一开始写的那句话，就是从刘炯朗那本书第47页抄出来的。

至于，为什么要拿走8点呢？因为，$1+2+3+4+5+6+7+8+9+10=55$，"55"这个数字会让许多对数学比较熟悉的观众提高警觉。拿走8点，剩下来的数字和是47，那倒像是偶然出现的数字。

蒙日洗牌

蒙日（Monge）是19世纪法国有名的数学家，被称为微分几何（Differential Geometry）之父。"蒙日洗牌"（Monge Shuffle）也是他发现的。

"蒙日洗牌"是这样的：左手拿着整叠牌，把第一张牌放在右手，把第二张放在第一张牌上面，把第三张放在第一张下面；接下来就反复将左手的牌一张放在右手那叠牌上面，另一张放在右手那叠牌下面。例如开始时，左手拿着4张牌，从上到下是1、2、3、4，经过"蒙日洗牌"后，从上到下变成4、2、1、3；例如：开始时，左手拿着8张牌，由上到下是1、2、3、4、5、6、7、8，经过"蒙日洗牌"后，从上到下变成8、6、4、2、1、3、5、7。

01 同性相吸

当我们用"蒙日洗牌"把8张牌洗了两次，原来1、2、

3、4、5、6、7、8的顺序先转变为8、6、4、2、1、3、5、7，再转变为7、3、2、6、8、4、1、5，虽然，这似乎把整叠牌都洗得很乱了，但是，如果一开始您拿8张牌排成黑桃Ace、King、Queen、Jack、红心Ace、King、Queen、Jack，请两位观众先后用"蒙日洗牌"洗两次，洗出来的牌的次序是一对Queen，一对King，一对Jack，一对Ace，这套魔术就叫做"同性相吸"。

接下来，按照1、2、3、4、5、6、7、8这个顺序的8张牌，经过两次"蒙日洗牌"，顺序变成7、3、2、6、8、4、1、5，再来一次变成5、4、6、3、7、2、8、1，又再一次变成1、2、3、4、5、6、7、8。换句话说，经过四次"蒙日洗牌"，8张牌就回复到原来的顺序了。

从蒙日自己开始，数学家陆续算出2n张牌一共要经过多少次"蒙日洗牌"才会回复到原来的顺序，例如：8张牌4次，10张牌6次，12张10次，14张14次，50张50次，但是一副扑克牌52张只要12次。

02 Ace在哪里

从"同性相吸"这套魔术，我们又可以想出其他一些有趣的魔术，我们注意到8张牌在连续的"蒙日洗牌"的过程里，1、5、7、8这四个位置形成一个循环，换句话说，在这四个位置的牌在连续的"蒙日洗牌"里，按次序旋转，也就是说，"蒙日洗牌"将位置1的牌移到位置5，位置5的牌移到位置7，位置7的牌移到位置8，位置8的牌移到位置1。同样，2、4、3、6这四个位置也形成一个循环。

我们可以设计一个叫做"Ace在哪里"的魔术：在8张牌按照Ace、2、3、4、5、6、7、8的顺序排好，请观众作任何次数的"蒙日洗牌"，然后您翻开第一张牌，您就可以知道Ace在哪里了。原因是1、5、7、8这四张牌，按照这个次序循环地占了1、5、7、8这四个位置，所以，您只要知道哪一张牌占了第一个位置就可以知道Ace在哪里了。让我列一个表，一切就清晰明了了：

原来位置	1	x	x	x	5	x	7	8
第一次洗牌后	8				1		5	7
第二次洗牌后	7				8		1	5
第三次洗牌后	5				7		8	1

同样，有兴趣的读者可以用2、4、3、6这个循环设计一个"老二在哪里"的魔术，不过，提醒您，得小心一点，这四个位置循环的次序是2、4、3、6，不是2、3、4、6！

原来位置	x	2	3	4	x	6	x	x
第一次洗牌后		6	4	2		3		
第二次洗牌后		3	2	6		4		
第三次洗牌后		4	6	3		2		

03 庆祝妇女节

当我们分析"蒙日洗牌"时，我们发现所有的位置被分成若干个循环，但是这些循环是如何形成的，那就跟一共有多少牌有关了。让我举一个例子：我们发现用"蒙日洗牌"来洗12张牌时，在1、7、10、2、6、4、5、9、11、12这些位置的牌形成一个循环，在3、8这两个位置的牌形成一个循环。

因此，我们可以设计一个叫做"庆祝妇女节"的魔术，选出12张牌，其中两张是红心和方块的Queen，代表两位杰出的女性，就说是代父从军的花木兰和缅甸的诺贝尔和平奖得主昂山素季吧，其他10张都是无关重要的小人物。

我们把这12张牌排起来，让红心和方块Queen放在3、8这两个位置，然后请观众用"蒙日洗牌"来洗牌，洗多少次都可以。牌洗好后，魔术师把整叠牌放在背后，数了一下，就把花木兰和昂山素季找出来了。这套魔术的奥妙是：不管经过多少次"蒙日洗牌"，这两张牌始终停在这两个位置。至于，哪张牌在第3个位置，哪张牌在第8个位置就请读者把答案找出来吧！

延展阅读：股票红利魔术

让我介绍一套叫做"股票红利"的魔术。

魔术师从口袋里掏出一把10元的硬币，他先分给三位观众一些投资的资本，一位1个硬币，一位2个硬币，一位3个硬币，用来买股票的股本，剩下的硬币就堆放在桌子中间。接着，魔术师拿出三个信封，里面放着三家公司的股票，一个信封里放的是一张股王的股票，另一个放的是一张股后的股票，第三个放的是一张可以用来当墙纸的股票；诸位凭运气各选一个信封。

魔术师说："我先出去！拿到股王股票的投资人，按照您手上的现金从中间那一堆硬币拿4倍回家；拿到股后股票的投资人，按照您手上的现金从桌子中间的硬币拿2倍回家；拿到可以当墙纸股票的投资人，从桌子中间的硬币拿1倍回家。"

接着，魔术师回来了，就能一一指出，谁拿到股王，谁拿到股后，谁拿到壁纸的股票。为什么？一开始，魔术师一共有24个硬币，把1个、2个、3个一共6个硬币分给三位观众，当成股本之后，剩下来18个硬币，当三位投资人按照他们手上的股票把应得的红利拿回后，剩下来的硬币数目就足以告诉魔术师谁分到哪种股票了。我们可以列一个表来验证：

股本			红利总数	剩余
1	2	3		
1	4	12	17	1
2	2	12	16	2
1	8	6	15	3
2	8	3	13	5
4	2	6	12	6
4	4	3	11	7

推而广之，一开始一共有80个硬币、4位投资人，各拿1个、2个、3个、4个硬币作为投资股本，4张股票红利的分派是：

一张分16倍、一张分4倍、一张分1倍、一张什么都不分，在24个不同的方法把4张股票分给4位投资者，他们拿到红利之后，剩下来的硬币的数目是不同的，我们可以列一个表来验证。

股本				红利总数	剩余
1	2	3	4		
0	2	12	64	78	2
0	2	48	16	68	12
0	8	3	64	75	5
0	8	48	4	60	20
0	32	3	16	51	19
0	32	12	4	48	32
1	0	12	64	77	3
1	0	48	16	65	15

1	8	0	64	73	7
1	8	48	0	57	13
1	32	0	16	49	31
1	32	12	0	45	35
4	0	3	64	71	9
4	0	48	4	56	24
4	2	0	64	70	10
4	2	48	0	54	26
4	32	0	4	40	40
4	32	3	0	39	41
16	0	3	16	35	45
16	0	12	4	32	48
16	2	0	16	34	46
16	2	12	0	30	50
16	8	0	4	28	52
16	8	3	0	27	53

聪明的读者马上又想到进一步的推广：5位投资人，各拿1个、2个、3个、4个、5个硬币，5张股票的红利分派是16倍、8倍、4倍、2倍及1倍。但是，这个明显的推广行不通，因为有两种不同的股票分配方法，5位投资人的红利总和是一样的，因此，剩下来的硬币也是一样，魔术师也就无法判断股票是如何分配的了。有兴趣的读者可以找出两种不同的股票分配方法，而红利的总和是一样的例子。

这时，各位就可以回头想到，前面有4位投资人的时候，我们不选4张股票要分派8倍、4倍、2倍及1倍的红利。因为这也遇到同样的问题，有两种不同的股票分配方法，4位投资人的红利总和是一样的。

识破博弈背后的数学规律

P A R T

3

概率是什么?

有一则笑话说:有一个人犯了罪,国王正在考虑怎样判刑,他主动向国王提议:"在一年之内,我可以教一只猪学会唱歌,否则我愿意接受死刑。"他的好朋友听了大吃一惊:"你岂不是自找死路吗?"他回答:"一年之内可能发生的事情很多,说不定地球会被陨星撞毁?说不定国王会重病身亡?说不定我会被汽车撞倒?也说不定猪真的就学会了唱歌?"

主观的概率和客观的概率

爱因斯坦说过:"任何描述现实的数学公式和定理,都含有一个不确定的因素,否则它们描述的就不是现实。"

在日常生活里,我们常常会听到许多有关不确定性的话:"出门不要忘了带伞,下午很可能会下雨。""至于这支股票明天会涨还是跌呢？那就难说了。""如果这台电视机在3年的保修期之内坏掉，我就背着它登上阿里山。"

这些话都是对未来可能发生之事的猜估，但是，这样的形容说法未免太模糊笼统，所以科学家们就提出"概率"（probability）这个观念，来做更精确的陈述。

概率是一个从0到1的数字，概率愈大，代表一件事情发生的可能性愈高，所以我们会说"今天下午下雨的概率是0.8"，0.8代表很可能，"这只股票明天上涨的概率是0.52"，0.52代表不一定，"这台电视在3年之内坏掉的概率是0.002"，0.002代表非常不可能。

我们会接下去问，那么这些数字是哪里来的？

有人说那是经过数学的计算、物理的实验得出来的，也有人说那是讲者凭个人经验、直觉甚至是幻想得出来的。更精准一点，概率的数值有来自客观的计算和观察，就是"客观的概率"（objective probability）；有来自主观的判断，就是"主观的概率"（subjective probability）。早在1814年，法国数学家拉普拉斯（Pierre-Simon Laplace）提出被认为是"概率"这个观念的古典定义，他说："假如一个事情有若干个同样可能的结果，那么期待结果的数目除以所有可能结果的数目，就是期待的结果会出现的概率。"简单的例子是掷一个铜板有两个同样可能的结果，正面和反面，如果期待的结果是正面，那么概率是1/2。掷一颗骰子有6种同样可能的结果，如果期待的结果是1点，那么概率是1/6，如果期待的结果是红色（1点和4点），那么概率是2/6 = 1/3。

"同样可能的结果"这个观念，往往不容易精准地断定。在掷铜板的例子里，正面和反面是同样可能的结果；在掷骰子的例子里，1、2、3、4、5、6是同样可能的结果，可以说是来自对铜板和骰子的物理结构和性质的客观分析，那就是"客观的概率"。但是在没有办法做出精准的、客观的分析来决定客观的概率的时候，就只好凭经验或者直觉来做决定，那就是"主观的概率"。

因此，数学家提出主观的概率里最重要的定义，也是现在最常用的定义："频率论的概率"（Frequency probability）那就是用频率来决定的概率。

如果掷一个铜板1000次，其中有502次结果是正面，那么正面的概率是502/1000 = 0.502，我们他往往主观地把概率判定为0.5。如果掷两颗骰子10000次，其中有1667次两颗骰子的点数和是7，那么点数和等于7的概率是1667/10000，差不多是1/6。

换句话说，假如一件事情发生了n次，其中有n_1那么多次得到期待的结果，那么期待的结果会出现的概率是n_1/n，当n趋于无穷大的时候，n_1除以n的数值，就是频率论的概率。

不过，在实际的计算里，我们不能以无穷大的次数去做一件事情，因此也只以 n 是一个很大的数值时的结果，作为一个近似的估计，例如我们测试了 10000 个灯泡，其中有两个在连续使用 1000 小时后就坏掉了，我们就设定一个灯泡在连续使用 1000 小时后坏掉的概率是 2/10000 = 0.0002。

频率论的概率可说是用过去的经验来估算未来的行为，正是《战国策》说的"前事不忘，后事之师"之意。

至于股市上升的概率、单场运动比赛胜负结果的概率，那就不能用频率来决定，只能靠专家凭经验和直觉来判断，那也就是"主观的概率"。

从赔率算出的必胜赌盘

主观的概率来自一个人的经验、训练、直觉，甚至情绪因素，不但没有办法计算，甚至会因人而异。但是，从科学的观点来说，在没有足够的数据和资料可让我们客观地决定一件事情发生的概率时，我们会主观地作一个估算，更重要的，这个估计可以按照新的资料来做调整，增加估算的准确度。

让我们看一些简单的个例子，比方说晚上出门忘了锁门，家里遭小偷的概率是5%。这个概率并无法从频率论的观点来决定，因为严格来讲，这是单一事件，也许从来没有发生过，也许只发生过一次，顶多我们只能从以住家附近的环境安全条件，再加上一年内窃案的数目，来帮助我们做一个主观的估计而已。

至于说某只股票明天涨停板的概率是75%，那也只是股市名嘴按照个人经验、加上公司资料，或是再加上整个股市的走势甚至全世界的政治、经济情形而估计出的主观概率而已。

01 稳赚不赔的运动博彩下注法

美国职业篮球协会NBA今晚有一场火箭队对湖人队的比赛，运动博彩的庄家开出来的赌盘是：赌火箭队胜，赔率是1：1；赌湖人队胜，赔率是3：1。赔率1：1就是你赌一块钱，火箭队胜了，赔你一块钱；赔率1：3就是你赌一块钱，湖人队胜了，赔你三块钱。首先，赔率是由庄家主观判断之"胜的概率"换算过来的。赔率和"胜的概率"互换的公式是：

$$胜的概率 = \frac{1}{赔率 + 1}$$

也就是

$$赔率 = \frac{1}{胜的概率} - 1$$

例如：火箭队胜的赔率是1，因此火箭队胜的概率是

$$\frac{1}{1+1} = 0.5$$

同样，湖人队胜的赔率是3比1，湖人队胜的概率是

$$\frac{1}{3+1} = 0.25$$

假如你下注一块钱赌火箭队胜，也下注一块钱赌湖人队胜，你一共下注两块钱，如果火箭队胜了，你得回两块钱，不赚不赔；如果湖人队胜了，你得回4块钱，赚了两块钱。所以不管比赛的结果是如何，你都站在不败之地。

假如你下注一块钱赌火箭队胜，两块钱赌湖人队胜，你一共下注3块钱，如果火箭队胜，你得回两块钱，赔了一块钱，如果湖人队胜，你得回8块钱，赚了5块钱。这样看来，依照比赛的结果，你可能赚可能赔。

但是，假如你下注0.5元赌火箭队胜，0.25元赌湖人队胜，你一共下注0.75元，如果火箭队胜你得回一块钱，如果湖人队胜，你得回一块钱，所以不管比赛的结果如何，你稳赚0.25元。

这到底是怎么一回事？

02 赌马的数学必胜方程式

让我先讲一个稍为复杂一点的例子.

在一场赛马的赌博里，一共有4匹马出赛，马场开出每匹马跑第一名的赔率分别是1∶1，3∶1，4∶1和9∶1。换句话说，马场估计每匹马跑第一名的概率分别是0.5，0.25，0.2和0.1，当然这些概率是专家甚至几个不同的专家估计出来的主观概率。

那么有没有稳赚的下注方法呢？答案是没有。

但是，如果马场开出来的赔率分别是1∶1，3∶1，7∶1，9∶1。换句话说，马场估计每匹马跑第一名的概率分别是0.5、0.25、0.125和0.1。

那么有没有稳赚的下注方法呢？答案是有。

让我们作个分析：假设按照马场的估计，每匹马跑第一名的概率分别是P1、P2、P3、P4，那么它们跑第一名的赔率分别是 $\frac{1}{P_1}-1$、$\frac{1}{P_2}-1$、$\frac{1}{P_3}-1$、$\frac{1}{P_4}-1$。

如果我们下注第1匹马P1块钱，第1匹马跑第1名我们得回一块钱；如果我们下注第2匹马P2块钱，第2匹马跑第1名我们得回1块钱……因此，如果我们同时下注第1匹马P1块钱、第2匹马P2块钱，第3匹马P3块钱，第4匹马P4块钱。换句话说，一共下注P1＋P2＋P3＋P4块钱，不管哪一匹马跑第1名，我们都得回1块钱。因此，如果P1＋P2＋P3＋P4<1，我们就稳赚1-（P1＋P2＋P3＋P4）块钱了。

换句话说，当马场主观地选择每一匹马跑第一名的概率的时候，如果选择错误，P1＋P2＋P3＋P4<1，那么下注的人就会有稳赚不赔的下注方法。

赌盘是所有可能结果的赔率的总称，荷兰赌盘（Dutch Book）就是一个赔盘的某一方有一个稳赚不赔的策略。当马场的专家主观决定每一匹马跑第一名的概率时，他必须确定P1＋P2＋P3＋P4>1，否则对赌客来说，那就是一个荷兰赌盘。这一来，你说马场应该大大降低赔率，也就是说让P1＋P2＋P3＋P4远大于1。譬如说，一场四匹马出赛的赔盘是第一和第二两匹马的赔率1：1，第三和第四两匹马的赔率是2∶1，换句话说：

P1＋P2＋P3＋P4＝0.5＋0.5＋0.33＋0.33＝1.67

这一来当然下注的人没有稳赢的下注方法，但是对下注的人来说，这是对马场太有利的赔率，因此也就兴味索然了。举例来说，假如一个赌客对每一匹马都下注一块钱，他一共下注4块钱，他只能拿回两三块钱。

03 马场为何能稳赢不赔？

在现实的情景中，马场有很多应对方法，如果您曾经亲临真实的马场，就会知道赔率是不断浮动的，马场会按照所有赌客下注的情形机动调整赔率，原因就是避免出现赌客稳赚不赔的荷兰赌盘。

比方，如果赌客们对每一匹马总共下注分别是a1、a2、a3、a4，那么马场收到的总投注是a1＋a2＋a3＋a4，让我们称它为T，马场先从总投注T里抽出10%作为利润，剩下0.9T，马场就把赔率调整，让每匹马胜出的概率P1、P2、P3、P4分别等于$\frac{a_1}{0.9T}$、$\frac{a_2}{0.9T}$、$\frac{a_3}{0.9T}$、$\frac{a_4}{0.9T}$，首先P1＋P2＋P3＋P4等于$\frac{1}{0.9}$=1.11，所以赌客不可能有一个稳赚的下注法。

至于马场呢？首先站在马场的立场，不管哪一匹马跑出第一名，马场要付出的总金额是0.9T（那才真是稳赚不赔）。

从这些例子，我们看到两个重要的观念：

第一，主观的概率设定必须满足某些规范这些概率的条件。

第二，主观的概率可以随着新的资料来调整以达到预设的目的。

当然，以上只是一个单纯的例子，真正的赌盘还有各式各样的赌法，比方在篮球比赛中除了赌胜负之外，还有赌两队得分的和或差、上半场领先或者落后等可能，每一个可能都要列出相对的赔率。

在马赛里，除了赌哪一匹马跑第一之外，还有赌哪一匹马跑第二或者第三，以及赌三匹马跑第一、第二、第三的次序，或是赌合并两场马的结果等，每一种可能也要列出相对的赔率，因此每一种可能的赔率都必须很小心地决定，避免出现赌客稳赢的荷兰赌盘，也保证赌场会有固定、但是不致过高的利润。

独立事件的概率

有一位同事每天必定穿一件（绝对只穿一件）衬衫上班，他穿白衬衫上班的概率是多少呢？这是一个"独立事件"的概率。

01 如何预测同事的服装搭配？

穿白衬衫的问题，可以这样来表示：用A代表一个事件，用P（A）代表A发生的概率；用B代表一个事件，P（B）代表B发生的概率。

那么，A或B发生概率是多少？ A和B都发生的概率是多少？

要回答这两个问题，我们得先了解"独立事件"这个观念：A和B被称为独立事件，如果A发生，不会改变B发生的概率，如果B发生，不会改变A发生的概率。

在这个前提之下，A和B都发生的概率用P（A∩B）来代表，等于P（A）×P（B）；A或B发生的概率用P（A∪B）来代表，等于P（A）＋P（B）-P（A∩B）。在A和B不可能同时发生这个特例中P（A∩B）＝0，因此P（A∪B）＝P（A）＋P（B）。

若这位同事每天穿白衬衫上班的概率是0.5，穿蓝衬衫上班的概率是0.3，穿其他颜色衬衫上班的概率是0.2，因为他每天一定只穿一件衬衫上班，0.5＋0.3＋0.2＝1表示所有的可能都已经包括在内了。

我们也可以进一步推算衬衫搭配裤子的概率：比方说，他穿黑裤子上班的概率是0.6，穿灰裤子的概率是0.3，穿其他颜色裤子的概率是0.1。那么他穿白衬衫、黑裤子上班的概率就是0.5×0.6＝0.3。在这里有一个重要的前提：那就是假设他选择衬衫和选择裤子是两件独立、不相互影响的事，因此这两件事情都会发生的概率，就是各自单独发生的概率相乘的结果。

他穿白衬衫或者黑裤子上班的概率呢？那就是0.5＋0.6-0.5×0.6＝0.8；穿白衬衫或者蓝衬衫上班的概率呢？那就是0.5＋0.3＝0.8。

02 算算飞机上有炸弹的概率

让我用几个简单的例子来进一步解释这些观念。

最简单的概率游戏是掷铜板，掷铜板有两种可能的结果，正面和反面，一个正常的铜板，正面出现的概率是1/2，反面出现的概率也是1/2，赌博的规则是下注的人押正面或者反面，押对就赢了，押错就输了。

一个简单的问题是，假如正面一连出现了10次，那么第11次应该押什么呢？

有人说那当然是押反面了，为什么呢？他说第一次正面的概率是1/2，第1次和第2次都是正面的概率是1/2×1/2，第1次、第2次和第3次都是正面的概率是1/2×1/2×1/2，所以一连11次都是正面的概率是1/2的11次方，等于0.00049。那是很小很小的概率，所以第11次是正面的可能微乎其微。

但这是错误的推论。因为，每次掷铜板都是一件独立的事情，前10次都是正面并不会影响第11次是正面或者是反面的概率。换句话说，虽然11次都是正面的概率很低，但是前10次都已经过去了，第11次是正面还是反面的概率仍然是各为1/2。

有个逻辑和上述例子相同的笑话。

有人去坐飞机，行李带了一个炸弹，别人问他为什么？他说老师在概率的课堂里说过，飞机上，一位乘客是恐怖分子带一颗炸弹上飞机的概率是百万分之一，两位乘客各带一颗炸弹上飞机的概率是百万分之一乘百万分之一，就是十亿分之一。现在我带了一颗炸弹，另一个乘客带一颗炸弹上飞机的概率就从百万分之一降低到十亿分之一了。

这也是错误的推论，因为每一个乘客带炸弹上飞机是一件独立的事情，他带一颗炸弹上飞机，并不影响别的乘客带一颗炸弹上飞机的概率，所以另外一个乘客也带一颗炸弹上飞机的概率还是百万分之一。

03 为什么赌客爱玩掷骰子游戏？

让我们看一个相似的例子，我们掷一颗骰子一连10次，在这10次之中只要"1"点出现一次，我们就赢了，请问赢的概率是多少呢？

掷一颗骰子10次，"1"点都不出现的概率是5/6的10次方，也就是0.1615，所以，"1"点最少出现一次的概率是1-0.1615＝0.8385，那是相当大的概率。

假如我们掷了第一次，"1"点并没有出现，请问"1"点在第2次出现的概率是多少呢？请问"1"点迟早还会出现的概率是多少呢？

既然在10次里，"1"点出现的概率很高，如果第一次没有出现，那么在第二次出现或者迟早会出现的概率应该会增加吧！错了！那又是心理上的错觉。不管"1"点在第一次有没有出现，在第二次出现的概率是独立的，还是1/6。至于"1"点在剩下来的9次里出现了概率不是增加，反而降低了，因为我们只剩下9次掷骰子的机会，概率也降到$1-(5/6)^9=0.8062$。同样，假如"1"点在第一次和第二次都没有出现，"1"点迟早还会出现的概率降低到$1-(5/6)^8=0.7674$，换句话说，前面"1"点没有出现，"1"点在后面出现的机会是逐渐降低的，因为我们剩下来的机会愈来愈少了。

让我讲一个比较复杂的例子，那是在赌场里很受欢迎的"掷骰子"（craps）的游戏。首先，掷两颗骰子有$6×6=36$个同样可能的结果，把两颗骰子的点数加起来的和会是2、3、4……10、11、12，如果期待的和是2，那么只有1个期待的结果，两颗骰子都是1点，因此和等于2的概率是1/36；如果期待的和是3，那么有两个期待的结果，两颗骰子是1和2、2和1，因此和等于3的概率是$2/36=1/18$；同样如果期待的和是4，那么有3个期待的结果，1和3、2和2、3和1，因此和等于3的概率是$3/36=1/12$；概率最高的是期待的和是7，一共有6个期待的结果，1和6、2和5……，因此和等于7的概率是$6/36=1/6$。

把这些概率算出来之后，让我告诉你游戏的规则：首先，那是一对一的赌博，换句话说，赌客下注一块钱赢了庄家赔一块钱，当你第一次掷的时候，如果和是7或者11，你就赢了，因此赢的概率是$6/36+2/36=2/9=0.2222$，游戏就结束了，你赢了一块钱；如果和是2、3或者12，你就输了，因此输的概率是1/36＋2/36＋1/36＝1/9＝0.1111，游戏也就结束了，你的一块钱也就输掉了；但是如果和是4、5、6、8、9、10、11，那么游戏就继续下去。譬如说和是5，那你就再掷，如果和是5再出现，你就赢了，如果和是7出现，你就输了，否则又再继续掷下去。

让我们先从直觉来分析，这个游戏，第一次掷的时候，你赢的概率是2/9，输的概率是1/9，继续的概率是6/9＝2/3，所以第一次掷的时候，你是占优势的。可是如果第一次掷没有赢输的结果的话，接下来，因为和等于7的概率大于其他的和的概率，所以庄家就占优势了，那么到底你赢的概率是多少呢？

以第一次掷出来的和是5为例子。首先，第一次掷出来的和等于5的概率是4/36，因为和等于5有4个期待的结果，继续掷下去，在36个可能的结果里，只有10个结果是与赢输有关的，有4个结果和是5，你就赢了，有6个结果和是7，你就输了，所以如果第一次掷出来的和是5，继续掷下去到决定赢输为止，你赢的概率是4/10，输的概率是6/10。

因此，赢的概率是：

第一次掷的结果	赢的概率
2	0
3	0
4	$\frac{3}{36} \times \frac{3}{3+6}$
5	$\frac{4}{36} \times \frac{4}{4+6}$
6	$\frac{5}{36} \times \frac{5}{5+6}$
7	$\frac{6}{36}$
8	$\frac{5}{36} \times \frac{5}{5+6}$
9	$\frac{4}{36} \times \frac{4}{4+6}$
10	$\frac{3}{36} \times \frac{3}{3+6}$
11	$\frac{2}{36}$
12	0

赢的结果加起来是0.492929。

这个结果也解释了在赌场里，为什么很多人喜欢玩"掷骰子"游戏，因为它的赢输概率非常接近。但是，只要赌客赢的概率小于0.5，迟早他还是会输光，而如果赌客赢的概率大于0.5，赌场是绝对不会和你玩这种游戏的。

让人惊讶的是，早在11世纪、12世纪，掷骰子这个游戏的雏型已经出现了，当然规则逐渐在改变，而且在尚未建立与概率有关的数学观念前就有。这个规则相当简单、也是相当吸引人的游戏，双方赢输的概率算出来，竟是如此接近，也真是不简单。

04 预测黑白扑克牌的另一面

一位工程师、一位物理学家、一个数学家和一位统计学家，一起去苏格兰旅行，他们坐在火车上，看到窗外草原上一只黑色的绵羊。

工程师说："苏格兰的绵羊都是黑色的。"

物理学家说："你怎么能这样说呢？你只能说在苏格兰有一只黑色的绵羊。"

数学家说："你怎么能这样说呢？你只能说在苏格兰有一只绵羊，它的一边是黑色的。"

统计学家问："那么这只绵羊的另一边也是黑色的概率是多少呢？"

当然，我们无法回答统计学家的问题，但是却可以回答一个相似的问题：如果我们有三张扑克牌，一张两面都是黑色的，一张一面是黑色一面是白色，另一张两面都是白色，我们从这三张牌里抽出一张，这张牌的一面是黑色，请问，它另外一面也是黑色的概率是多少？

也许有人会说，既然你已经知道抽出来这张牌有一面是黑色，那就不可能是两面都是白那张牌，所以抽出来这张牌可能是两面都是黑色那张牌，也可能是一面是黑色一面是白色那张牌，所以另一面也是黑色的概率是0.5。

听起来似乎有理，但是，这个答案是错的。

让我们谨慎一点来分析这个问题，在三张牌里抽出一张，再在这张牌的两面选出一面翻过来，就等于在三张牌的6面里选出一面翻过来，所以任何一面被选出来的概率是1/6，当我们已经知道选出来那一面是黑色，那么这一面是来自两面都是黑色那张牌的概率是来自一面黑色一面白色那张牌的概率的两倍，所以答案是：另一面是黑色的概率是2/3。

05 老二是男孩的概率有多大？

再来看另一道相似的题目：一个家庭有两个小孩，其中一个是男孩，请问另一个也是男孩的概率是多少？

这个题目听起来很简单，却有几个不同的答案，原因是这个题目有几个不同的解释。

如果我们把题目解释为家庭有两个小孩，老大是男孩，请问老二也是男孩的概率是多少？我们假设每个小孩性别决定是独立事件，所以不管老大是男孩，还是女孩，老二是男孩的概率是1/2。

这个题目的另一个解释是，有两个小孩的家庭，可以按照小孩的性别分成四类，男男、男女、女男、女女代表有两个小孩的家庭老大和老二的性别，如果我们随机选出一个家庭去问这个家庭的妈妈，她说她家里有一个男孩，那么这个家庭一定属于男男，或者男女，或者女男这三类，所以另一个小孩也是男孩的概率是1/3。

这个题目还有另一个解释是，我们随机选出一个家庭，再在这个家庭里随机选出一个小孩，这个小孩是男孩，请问另一个也是男孩的概率是多少？这个版本可以用上面讲过的扑克牌的模型来解释，我们有四张牌，一张的两面是男男，一张的两面是男女，一张的两面是女男，一张的两面是女女，如果我们在这四张牌里头抽出一张，然后再翻出其中一面是男，请问另一面也是男的概率是多少？和上面一样，这4张牌有8面，如果我们抽出其中的一面是男，那么我们抽出男男那一张牌的概率是1/2，抽出男女那张牌的概率是1/4，抽出女男那张牌的概率也是1/4，所以另一面也是男的概率是1/2，换句话说，另一个孩子也是男孩的概率是1/2。

06 何先生的三门猜奖习题

多年以前，美国有一个电视猜奖节目Let's Make a Deal，主持人蒙提·霍尔（Monty Hall，以下简称何先生）经常在节目中对参加猜奖的观众，提出后来非常有名的"三门习题"（Monty Hall problem，又称为"蒙提·霍尔问题"）。

在何先生的节目里，舞台上有三道门，一道门后面是大奖；一辆奔驰汽车；另外两道门后面是安慰奖：一辆脚踏车。何先生在现场选出一位观众，让他在三道门里选一道，选定之后，就可以得到门后面的奖品。

在节目中，当这位观众选了一道门之后，譬如说第一道门，在打开这道门之前，何先生会玩一个花样，他会打开第二道门，在第二道门后的是一辆脚踏车。这时，何先生就问这位观众："您已经选了第一道门，我也让您看到第二道门后是一辆脚踏车，现在我提供您一个机会，您可以放弃第一道门，改选第三道门，请问您要不要改选？"

这个问题听起来简单，却引起许多争议，包括许多数学教授在内都纷纷加入讨论，有人说一定要改选，有人说改选不改选没有差别。

之所以会有争议，原因是大家没有弄清楚一个前提：何先生自己知不知道奔驰汽车是在哪一道门后面。在何先生是知道的这个前提之下，如果奔驰汽车是在第一道门的后面，何先生就随便打开第二道或者第三道门，让这位观众看到一辆脚踏车，如果观众改选，就吃亏了。但如果奔驰汽车是在第二道门后面，何先生会打开第三道门，如果奔驰汽车在第三道门后面，何先生会打门第二道门，在这两种情形之下，改选就会得到大奖了，所以结论是采用不改选的策略的话，得到大奖的概率是1/3，采用改选的策略的话，得到大奖的概率是2/3。

这个答案可以从另一个观点来解释，如果采用改选的策略，这位观众等于是在三道门里选了两道门，譬如说，这位观众猜想大奖是在第二道门或者第三道门后面，他就先选第一道门，等何先生开了一道背后是一辆脚踏车的门之后，他就改选，那么只要大奖是在第二道或者第三道门的后面，他都会得到大奖。

但是，在何先生根本不知道奔驰汽车在哪一道门后面的前提之下，当这位观众选了第一道门之后，何先生就打开第二道门，如果奔驰汽车在第二道门后面，何先生就趁势收场，"您选错门了，游戏结束"；如果何先生打开第二道门，看到的是一辆破烂的脚踏车，那么奔驰汽车在第一道门后面和在第三道门后面的概率都是1/2，改选不改选没有差别。

从这几个例子，我们得到一个教训：必须把题目的涵意弄清楚，以及正确地善用已知的部分信息。

有时直觉会告诉我们正确的答案，但是数学上的计算才是最可靠的。

贝叶斯定律和事件先后的概率

在前文提过的有一个例子，某人每天穿白衬衫上班的概率是0.5，穿蓝衬衫上班的概率是0.3，穿其他颜色衬衫上班的概率是0.2；还有，他穿黑裤子上班的概率是0.6，穿灰裤子上班的概率是0.3，穿其他颜色的裤子上班的概率是0.1。

在那个例子里，我们假设衬衫的选择和裤子的选择是两件独立、不相互影响的事件。

01 互有影响的裤子衬衫搭配概率

现在，让我把问题变得复杂一点。

假设他先选了衬衫，在选定了衬衫之后，他选裤子的颜色的概率和已经选好的衬衫的颜色是有关联的。换句话说，衬衫的选择和裤子的选择不再是两个独立事件。譬如说：如果他选择了白衬衫，他选黑裤子的概率是0.7，选灰裤子的概率是0.2，选其他颜色裤子的概率是0.1；但是如果他选了蓝衬衫，他选黑裤子的概率是0.3，选灰裤子的概率是0.5，选其他颜色裤子的概率是0.2。

这些概率都叫作"条件概率"（Conditional Probability）。

让A和B代表两个事件，P（A）代表A发生的概率，P（B）代表B发生的概率，但是A和B不是独立事件。那么如果A发生了，B发生的概率就不再是P（B），我们用P（B|A）代表A发生了之后B发生的概率；同样，如果B发生了，A发生的概率也不再是P（A），我们用P（A|B）代表B发生了之后A发生的概率。在上面的例子里，让A代表穿白色衬衫，B代表穿黑色裤子，那么，P（A）＝0.5，P（B）＝0.6，P（B|A）＝0.7。

02 用贝叶斯定律算林书豪被交易的概率

让我们再看一个例子。假设今天晚上美国职业篮球联盟有一场比赛，火箭队对湖人队，而且有一个传言，林书豪会被火箭队交易到尼克斯队去。让我们用A代表火箭队胜这一个事件，用P（A）代表火箭队胜的概率，譬如说P（A）＝0.6；用B代表林书豪被送到尼克斯队去这一个事件，用P（B）代表林书豪被火箭队交易到尼克斯队的概率，譬如说P（B）＝0.3。当我们确定林书豪要被送到尼克斯队

去，这会影响今天晚上火箭队胜利的概率，因此我们会调整 P（A）的数值，譬如说会从原来的 0.6 下降到 0.4，也就是 P（A|B）＝0.4；同样，当我们确定火箭队胜出了，我们会调整林书豪被送到尼克斯队的概率，譬如说会从原来的 0.3 下降到 0.2，也就是 P（B|A）＝0.2。

P（A）和 P（B）叫做"事前概率"（Prior Probability），P（A|B）和 P（B|A）叫做"事后概率"（Posterior Probability）。说得更清楚一点，P（A）和 P（A|B）是在 B 发生以前和以后 A 会发生的概率，P（B）和 P（B|A）是在 A 发生以前和以后 B 会发生的概率。

讲到这里，凭直觉大家会想到，P（A）、P（B）、P（A|B）和 P（B|A）也就是 0.6、0.3、0.4、0.2 这四个数值，彼此之间是有一个相连关系的，这个关系基于一个看起来非常简单，但是应用非常广的公式叫做"贝叶斯定理"（Bayes Theorem）。

贝叶斯定理是 18 世纪由一位英国数学家，也是一位牧师贝叶斯（Thomas Bayes）提出的，这个定理说：

$$P（A）P（B|A）＝P（B）P（A|B）$$

也就是

$$P（A|B）＝\frac{P（B|A）P（A）}{P（B）}$$

在上面的例子里 P（A）＝0.6，P（B|A）＝0.2，P（A）

P（B|A）＝0.12，P（B）＝0.4，P（A|B）＝0.3，P（B）P（A|B）＝0.12。

　　首先，让我交代贝叶斯定理是怎样来的呢？

　　那是用两个不同的方法去算 A 和 B 两个事件都发生的概率，也就是火箭队胜出，而且林书豪被交易送到尼克斯队去的概率。方法不同，结果当然是一样的。要算 A 和 B 的两个事件都发生的概率，一个算法是可以先决定 A 会发生的概率，再决定知道 A 会发生后，B 会发生的概率，就是 P（A）×P（B|A）；另一个算法是，我们也可以先决定 B 会发生的概率，再决定知道 B 会发生后，A 会发生的概率，那就是 P（B）×P（A|B），因此贝叶斯定理说 P（A）P（B|A）＝P（B）P（A|B）。

　　按照贝叶斯定理，假如我们知道这四个数值里其中任何三个，我们可以把第四个算出来。譬如说，我们知道火箭队胜的概率 P（A）＝0.6，我们也知道林书豪被送到尼克斯队的概率 P（B）＝0.3，假如我们估计如果林书豪被送到尼克斯队去，火箭队胜出的概率就会从0.6降低到0.4，也就是 P（A|B）＝0.4，那么按照贝叶斯定理，我们算出来 P（B|A）等于（0.3×0.4/0.6），即等于0.2。换句话说，如果火箭队胜出，林书豪被送到尼克斯队的概率也就从0.3降到0.2了。

03 罹患乳癌的概率怎么算？

按照统计的数据，40岁以上的女性，每1000个里，有14个会患乳癌。换句话说，用A代表一个40岁以上的女性患乳癌这个事件，那么P（A）= 0.014。

用X光检查乳癌的可能是医学上相当普遍的一个做法，按照统计每1000个女性做X光检查，有100个的结果是肯定的（肯定表示有乳癌），用B代表一个40岁以上的女性做X光检查结果是肯定的这个事件，那么，P（B）= 0.1。

光从直觉来看P（A）= 0.014，P（B）= 0.1这两个数字，我们会说，X光检查是相当笼统的，因为在1000个人中只有14个人患乳癌，但是X光检查有100个人的结果是肯定。

不过，让我们比较仔细一点地分析，按照统计，一个患有乳癌的病人，用X光检查得到肯定的结果的概率是0.75，换句话说P（B|A）= 0.75，那么根据贝叶斯定理：

$$P（A|B）= \frac{P（B|A）P（A）}{P（B）} = \frac{0.014 \times 0.75}{0.1} = 0.105$$

换句话说，如果X光检查的结果是肯定的话，病人的确患乳癌的概率只是0.105，这个数字比一般直觉的估计低很多。

假如我有全部的资料，把它摊开来：1000个人里有14

个人患乳癌，剩下来是986人没有患乳癌，用X光检查的结果有4种可能：

患乳癌而且检查的结果是肯定的有10.5个人；患乳癌而且检查的结果是否定的有3.5个人；没有患乳癌而检查的结果是肯定的有89.5个人；没有患乳癌而检查的结果是否定的有896.5个人。那么，所有的概率就都可以直接算出来了：

$$P(A) = \frac{10.5+3.5}{1000} = 0.014$$

$$P(B) = \frac{10.5+89.5}{1000} = 0.100$$

$$P(B|A) = \frac{10.5}{10.5+3.5} = 0.75$$

$$P(A|B) = \frac{10.5}{10.5+89.5} = 0.105$$

贝叶斯定理可以用来从已知的事前概率算出未知的事后概率，更重要的是，在有更多新信息的情形之下，事后概率又可以被视为新的事前概率，再用贝叶斯定理算出新的事后概率。

在我们上面的例子，$P(A)=0.014$是一位40岁以上的女性患乳癌的事前概率，$P(A|B)=0.105$是40岁以下、X光检查结果为肯定的女性患乳癌的概率。

为了避免符号上的混淆，我们用C代表X光检查的结果是肯定而且的确患了乳癌这个事件，P（C）代表这个事件发生的概率，也就是说，P（C）＝P（A|B）＝0.105。假设一位X光检查结果是肯定的女性去做一次血液检查，那么我们怎样分析血液检查的结果呢？用D代表一位40岁以上的女性做血液检查结果是肯定的这个事件，用P（D）代表这个事件发生的概率，譬如说P（D）＝0.2。换句话说，每100个40岁以上的女性检血的结果有20个是肯定的。假设我们知道P（D|C）＝0.9，那就是说一个患有乳癌而且经过X光检查确定的人，检血的结果是肯定的概率是90%，那么：

$$P（C|D）=\frac{P（C）\times P（D|C）}{P（D）}=\frac{0.105\times 0.9}{0.2}=0.4725$$

换句话说，如果血液检查的结果是肯定的话，那么用X光检查的结果是肯定而且的确患乳癌的概率是0.4725。在这里我们又看到P（C）是事前的概率，P（C|D）是事后概率之间的关系。（此处的事前、事后是指血液检查前或后）

让我在这里指出两个要点：

第一，许多人会误解"X光检查结果是肯定的话，患乳癌的概率只有0.105"那句话，以为那就不必做X光检查了，这个误解是因为忘记了X光检查以前，患乳癌的概率是0.014，X光检查的准确率是75%（14个人患乳癌的人有10.5个人的检查结果是肯定的），因此如果X光检查结果是肯定的话，患乳癌的概率提高到0.105，再加上血液检查的准确率是0.9，所以两次检查的结果都是肯定的话，患乳癌的概率就从0.014提高到0.4725。

第二，我的数据只是合理而不是真正的统计数字的数据，只能当作教科书上的例子来看。

让我们倒过来，先做血液检查，然后做X光检查，让A代表40岁以上的女性患有乳癌这个事件，P（A）是这个事件发生的概率，我上面讲过P（A）＝0.014；让D代表验血结果是肯定这个事件，P（D）＝0.2；我们知道P（D|A），那就是患乳癌的病人经由血液检查结果是肯定的概率是90%，那么根据贝叶斯定理我们可算出：

$$P（A|D）= \frac{0.014 \times 0.9}{0.2} = 0.063$$

也就是说先做血液检查，如果血液检查的结果是肯定的话，患乳癌的概率只是6.3%。如果血液检查的结果是肯定的话，再做X光检查，让E代表血液检查结果是肯定而且的确患了乳癌这个事件，也就是说P（E）＝P（A|D）＝0.063。同时，P（B）＝0.1，P（B|E）＝0.75，

$$P（E|B）= \frac{0.063 \times 0.75}{0.1} = 0.4725$$

可见，先做X光检查后再做血液检查，或者是先做血液检查后做X光检查，如果两个结果都是肯定的话，那么患乳癌的概率都是0.4725，换句话说，检查的先后次序是没有分别的。

再看统计数据，在1000人中有14个人患乳癌，但是根据X光检查有100人的结果是肯定的，血液检查有200人的结果是肯定的。

我们可以看出，两种检查都是采取宁枉勿纵的态度。换句话说，把有病的门槛定得比较低，而且相对来说，血液检查有病的门槛又比X光检查有病的门槛还要低。

04 看医生划不划算？

讲到这里，我们只把诊断的结果讲完，接下来的问题是，当我们知道了诊断的结果，我们要采取什么行动。这就是"决策论"中有了信息后，该怎样下决定的问题了。

让我们就用X光检查的结果是肯定的作为信息，我们的决策是去看医生，还是不去看医生，当然，去医生和不看医生代价除了费用之外，还包括工作、生活及寿命的影响。让我们假设：

1.患有癌症，找医生治疗，费用是不少的，就算代价是 10,000 元吧。

2.没有癌症，还是去看医生，费用比较少，就算代价是 2,000 元吧。

3.患有癌症，却不去看医生，那可能冒一个相当大的险，就算代价是 400,000 元吧。

4.没有癌症，不去看医生，那么费用就是出去庆祝，吃一顿大餐的价钱是 300 元吧。

但是，我们并没有是否确实罹癌的数据，确切的数据只有 X 光检查的结果。首先我们记得 X 光检查结果是肯定的话，患癌症的概率是 0.105，没有患癌的概率是 0.895，因此如果 X 光检查的结果是肯定的话，我们决定去看医生的代价是：

$10,000 \times 0.105 + 2,000 \times 0.895 = 2,840$，

决定不去看医生的代价是：

$400,000 \times 0.105 + 300 \times 0.895 = 42,268$，

相形之下，我们当然应该选代价比较小的决定，那就是去看医生。

反过来说，假设 X 光检查的结果是否定，站在决策的立场，我们还是要决定去不去看医生，首先在已知 X 光检查的结果是否定的前提下，患癌症的概率是：

$$\frac{3.5}{896.5+3.5} = \frac{3.5}{900} = 0.003888$$

没有患癌症的概率是：

1-0.003888 = 0.996112那么，决定去看医生的代价是：

10,000 × 0.003888 ＋ 2,000 × 0.996112 ＝ 38.888 ＋ 1992.224 = 2031.112

如果不去看医生的代价是：

400,000 × 0.003888 ＋ 300 × 0.996112 ＝ 1555.20 ＋ 298.8336 = 1854.0336

相比之下，看医生的代价还是比不看医生的代价高一点点，所以决策是：不去看医生。

05 电子邮件过滤器

垃圾邮件就是大批寄出、内容相同、不请自来的邮件.在过去传统的邮政系统里，也有垃圾邮件的寄送，最多的就是大卖场、百货公司大减价的广告，但是在网络技术发达的今天，通过网络传送垃圾电子邮件不但容易、迅速，而且费用更是微乎其微。有一项非常粗略的估计指出，传送10000封电子垃圾邮件的成本大约是一美元，也正因为如此，通过网络传送的电子垃圾邮件的数目也是惊人的。还有一项统计显示，网络上的电子邮件80%是垃圾邮件，它们浪费的网络和人力资源，更是高达每年上千亿美元。

因此，自动过滤垃圾邮件的软件，是计算机操作系统里不可或缺的工具。一些比较粗略的做法是邮件中某些特殊的字、词和符号，都是垃圾邮件的迹象。例如"免费""成人""配方""亲爱的顾客"，甚至一连串七八个惊叹号、FF0000（FF0000 在 html 里头代表红色）等，因此含有这些字和词的邮件，就会被视为垃圾邮件而被过滤掉。

而比较全面、也的确是在现实中使用的做法，是经由统计的数据，从字和词的出现，推估一份邮件是垃圾邮件的概率，让我讲一个具体的做法。

第一，找 4,000 份已知的垃圾邮件，找 4,000 份已知的正常邮件。

第二，数一个字在垃圾邮件里出现的次数，和在正常邮件里出现的次数。（在这里我们还可以做一些技术上的微调，譬如说一个字出现在正常邮件里，一次当一次半或者两次算，换句话说，一个"好"的"正派"的字和词的出现要加权计算，这样会减低把正常邮件当作垃圾邮件的概率。）

第三，如果一个字出现的次数低于某一个门槛，譬如说 5 次，因此在统计上意义不太，我们就不用这个字来做参考。

第四，从每一个字在垃圾·邮件里和在正常邮件里出现的次数，估计假如这个字在一份电子邮件里出现的时候，这份电子邮件是垃圾邮件的概率。我们把这个概率叫做"罪证概率"（Condemnation Probability），用 P 来代表它，例如含有"成人"这个词出现在邮件，它是垃圾邮件的概率是 0.99，换句话说"成人"这个词的罪证概率是 0.99，"汇款"这个词的罪证概率是 0.92，"天气"这个词的罪证概率是 0.15，"努力"这个词的罪证概率是 0.02 等，举例来说，计算一个字和词的罪证概率最简单的公式，就是：

$$\frac{\text{这个字和词在垃圾邮件里出现的次数}}{\text{这个字和词在垃圾邮件里出现的次数} + \text{这个字和词在正常邮件里出现的次数}}$$

这一来，我们建立了一个字和词的罪证概率的数据库，我们的准备工作，也就是设定过滤器的工作就完成了。如果有一封新的电子邮件进来，我们先选其中出现最多的若干个字和词，譬如说 15 个，我们从数据库把这 15 个字和词的罪证概率 P1、P2……P15 找出来，如果一个字和词没有出现数据库里，我们把它们的罪证概率当作 0.4 或者 0.5。这些罪证概率，我们有一个公式：

$$\frac{P_1 \times P_2 \times ... \times P_{15}}{P_1 \times P_2 \times ... \times P_{15} + (1-P_1)(1-P_2)...(1-P_{15})}$$

可以用来算出这一份电子邮件是垃圾电子邮件的概率 P，也可以说是集体的罪证概率。如果集体的罪证概率算出来大于某一个门槛，譬如说 0.9，我们就把这封邮作为垃圾电子邮件过滤掉。

让我们用几个例子来认识罪证概率和集体罪证概率的含

义。假设有两个字，在一封电子邮件出现，它们的罪证概率是P1和P2，按照上面的公式算出来集体罪证概率是P：

如果P1 = 0.99，P2 = 0.99，那么P = 0.9999，换句话说，两个有力的罪证加起来变得更加有力罪证了。

如果P1 = 0.99，P2 = 0.8，那么P = 0.9974，换句话说，两个罪证还是相互支持。

如果P1 = 0.99，P2 = 0.2，那么P = 0.9612，换句话说，一个罪证减低了另一个罪证的力度。

如果P1 = 0.8，P2 = 0.2，那么P = 0.5，换句话说，两个罪证彼此的力度抵消了。

某些根据这些观念建立的垃圾邮件过滤器，可以滤掉95%的垃圾邮件。在这个例子里，概率是随着新的资料而调整的，当我们不断收到新的电子邮件时，随着它们被判定是垃圾邮件或者是正常邮件，我们可以自动地调整每一个字和词的罪证概率。

看穿赌博的胜败规律

一件事通常会有几个可能的结果，赌博通常就是付出一个代价，也就是下一个赌注去预测将会发生的结果。

按照预测和真正的结果两者之间的吻合度，下赌注的人就会得到或多或少甚至是零和负的回报。

比方说，老板问助理，明天会不会下雨？助理答说："不会。"第二天，大太阳出来了，老板说："你还算聪明。"若第二天，倾盆大雨，老板说："你这个笨蛋。"这就是不同的结果和不同的回报。

01 为什么赌客一定会破产？

让我们从最简单的说起，掷一个铜板有两个结果：正面和反面，一个公平的铜板，结果是正面的概率是1/2，反面的概率也是1/2，赌客下注1块钱，如果他赢了庄家赔他1块钱。这是一个公平的赌博，如果他赌100次，平均赢50

次，输50次，结果是不输不赢。但是赌场有费用的开销，因此，在现实的赌场里没有真正公平的赌博。

赌场的可能的做法是找一个铜板，掷这个铜板时，正面的概率是0.49，反面的概率是0.49，还有，0.02的概率是铜板滚到桌子底下去了，当铜板滚到桌子底下去时，不管赌客押的是正面还是反面，都是庄家赢。换句话说赌客赢的概率是0.49，而庄家赢的概率是0.51，很明显地，这是一桩不公平的赌博。譬如说赌客赌100次，平均赢49次，输51次，结果是净输两块钱。

我讲另一个例子：欧洲式轮盘赌博里，轮盘的周边分成37个等分的小格，分别是0、1、2、3、4……36，当在轮盘里滚动的小钢珠掉到某一个格子里时，那就是开出来的数字。最简单的赌法是下注赌开出来的数字是1到36里的奇数还是偶数，但是如果开出来是0，押赌奇数和偶数的都输了。换句话说，赌客赢的概率是18/37等于0.4865，庄家赢的概率是19/37等于0.5135。

光是轮盘还有很多不同的赌法，其他的赌博也可以说是变化万千，不过任何一种赌博的方式，赌场都经过精心的分析，赌场赢的概率比0.5多一点点，赌客赢的概率比0.5少一点点，可是，这一点点的差异就足以替赌场带来很大的利润。

我讲这些都只不过是重复了一句老话"逢赌必输"。虽然明明知道按照概率的分析，赌场是占有绝对的优势，但是赌徒往往让心理上的错觉混淆了正确的数学分析。心理上最大的错觉就是相信所谓的手气，完全不做理性的分析，一连输了几手，手气不好，下一手手气一定会改过来，下一个大注吧！一连赢了几手，手气很好，继续赌下去吧！不管怎样，到了最后，总是输得一干二净，这就叫做"赌客的破产"（Gambler's Ruin）。正如某一位赌场大亨说过：刚开始时，你和我各有输赢，等到你离开时，赢的肯定是我。

首先，让我们看最简单的用一个公平的铜板来赌正面和反面的例子。开始时，赌客手上有100元的赌本，他赌1元1注，如果他赢到100元就心满意足回家去了，如果他输光了100元，别无选择也只好回家去了，请问：他输光了回家的概率是多少？答案是输光了回家的概率是1/2，赢了100元的概率也是1/2。假如这位赌客比较贪心，他要赢到200元才回家，那么他输光了回家的概率是2/3，赢了200元回家的概率是1/3；假如这位赌客很容易满足，他只要赢20元就回家，那么输光了回家的概率是1/6，赢了20元就回家的概率是5/6。这些结果与我们的直觉是吻合的，就是如果赌客愈贪心，他破产回家的概率愈高。至于数学上怎样把这个结果推导出来，这个问题就留给有兴趣的读者了。

假如铜板是不公平的话，那么赌客破产的机会就变大了。假设，赌场赢的概率是0.51，赌客赢的概率是0.49，让我们做一个比较，如果赌客有100元的赌本，只想要赢20元就心满意足，在公平铜板的赌局里，他赢的概率是5/6等于0.833，在不公平铜板的赌局里他赢的概率只有0.45。如果，赌客想要赢100元才回家，在公平铜板的赌局里，他赢的概率是1/2，等于0.5，在不公平铜板的赌局里，他赢的概率只有0.0183，如果赌客想要赢200元才回家，在公平铜板的赌局里，他赢的概率是1/3，等于0.33，在不公平铜板的赌局里，他赢的概率大约是3/10000。

这些数据告诉我们两件事。

一、如果赌客贪心不足，他破产的概率是愈来愈大的。

二、只要庄家在概率上占一点点小便宜，从0.51改为0.49，最终的赢面就大大提升了。

让我提出一个小小的修改，前面说赌客原有的赌本是100元，每次的赌注是1元，那么他在不公平铜板的赌局里，赢100元的概率是0.0183，破产的概率是1–0.0183等于0.9817，请问如果他把赌注改成10元，换句话说赢输都很大，那么他破产的概率是增加呢？还是减少呢？

凭直觉也许并不清楚，靠数学那么答案就清清楚楚了。

在概率论里，一个重要的模型叫做"随机漫步"（Random Walk）。这个模型可以用来描述分析前面所说的掷铜板赢输的概率。也同样可以用来描述分析一个分子在液体或者气体中移动的情形，或是一只野兽在森林里奔跑的情形或股票市场涨跌的情形，那是概率学里一个重要的题目。

02 赌客的加码策略

赌场里虽然有许多不同的赌博方式，不过，每一种赌博方式都经过小心的统计分析，加上多年经验的累积，在赌场订定的游戏规则之下，庄家赢的概率一定是比赌客赢的概率要多一点点。因此，到头来庄家一定是大赢家。

不过，古今中外，三不五时总有所谓"赌神"出现，号称他掌握了必胜的秘诀，肯定可以赢大钱。这些必胜秘诀，许多都是无稽之谈，经不起概率和统计的分析。不过，倒的确有些赌客可以运用策略，增加甚至保证赢钱的可能，但赌场也有应对的方法：订定特殊的游戏规则，禁止这些策略的运用，或者干脆把这些运用特殊赌博策略的人列为不受欢迎人物，摒除在赌场外面。

以下我会举出几个简单的例子。比方说，我们从下注1块钱开始，如果赢了，继续下注1块钱，如果输了，下注2块钱，如果赢了，那不但把前面输的1块钱赢回来，还倒赢1块钱，如果输了，下注4块钱，如果赢了，不但把前面输的全部赢回来，还倒赢1块钱，如果输了，下注8块钱，换句话说，以1、2、4、8、16、32、64……的方式下注。

这个想法是正确的，但是首先你必须有很大的赌本，如果你从1块钱开始，一口气输了10次，就需要有1,024块钱作为赌本，而你赢到的，只不过1块钱而已。而且，赌场通常有下注的上限，譬如说下注的上限是1,000块钱，那么你一口气输了10次之后，下注1,024块钱的策略就行不通了。

03 靠算牌打败赌场

接下来，我讲一个有趣的例子，那叫做"21点"，也叫做"Black Jack"。

这个游戏的规则是相当复杂的，不过，最基本的规则是在一叠扑克牌里，赌客和庄家各发两张牌，Ace可以算11点也可以算1点，Jack、Queen、King都算10点。如果，两张牌的点数加起来，超过21点，叫做"涨死"，那就输定了；如果赌客和庄家都没有超过21点，那就比大小，大的赢；还有，如果赌客手上的两张牌是Ace加上一张10点，庄家还得以1.5倍的赔率，赔给赌客。这是赌场里，吸引许多赌客的游戏。

当然，正如前面讲过，这个游戏的规则，会让庄家在赢的概率上占一点便宜。不过，在1960年代初期，美国麻省理工学院的一位数学教授索普（Edward Thorp）观察到一件事情：譬如说有5位赌客一起和庄家赌，一手下来通常一共只发掉了10多张牌，所以在一副共有52张牌的扑克牌里，还剩下30多张牌可以发第二手。假如一个人有超强的记忆力，能够把第一手发过的每一张牌都记下来，就可算出剩下30多张牌是什么，从而估计从这剩下的30多张牌发出的第二手的牌是对庄家有利还是对赌客有利。如果是对赌客有利的话，那就加大下注。

这就是所谓"数牌"技术最基本的观念。但是会碰到两个执行上的困难，第一，谁有这种本事把第一手发过的每一张牌全部记下来？第二，即使您知道剩下来的三十多张牌是什么，您怎样估计从这三十多张牌发出来的第二手对庄家还是赌客有利呢？

索普利用当时演算速度最快的IBM704计算机做了许多模拟，得到的结论中最简单也确实有理的规则是：如果在这30多张剩下的牌里，10点比较多，那是对赌客较有利的，小牌例如4、5、6比较多，那是对庄家较有利的。

为什么？我们可以用一个很简单的例子来支持这个规则。

假如赌客手上已经拿到一张Ace，那他当然希望第二张牌是10点，所以，在这30多张牌里，10点的牌愈多对他愈有利。这个规则也解决了前面提出如何记住第一手发过的每一张牌的问题，因为赌客只要数一数在第一手里，10点的牌一共出现多少张，就算得出还剩下多少张10点的牌。这个最基本的观念也可以推广到把牌按照大小分成几类，每类有一个相对的点数，从已经发过的牌里的总点数算出剩下来的牌对赌客有利，还是对庄家有利。

索普在美国赌城拉斯维加斯（Las Vegas）和雷诺（Reno）赌场按照他们数牌的规划，也的确赢了不算小的一笔钱，他在1966年出了一本书，书名是《打败庄家》（*Beatthe Dealer*）。到了1980年代初期，麻省理工学院的一群学生组成一个团队，更深入地分析数牌的技术，在2003年出版的半真实半虚拟的书《击溃赌场》（*Bring Downthe House*）里，更描写了他们使用隐藏的计算机，分工数牌和算牌和变装以免被赌场认得庐山真面目等技术的故事，这本书后来在2008年拍成电影，叫《21》。

当然对这些数牌的赌客，赌场也有他们应对的策略。第一，每玩了一手就重新洗牌，但是这样太浪费时间；第二，用两副、三副甚至五副、六副牌一起玩，而且不要等所有的牌都派完才重新洗牌；第三、驱逐被怀疑使用数牌技术的赌客出场。

04 如何独得乐透彩？

我要讲的另一个例子，是大家都熟悉的"大乐透"这个游戏。

以50元台币的赌注，从1至49这些号码里选6个号码，如果这6个号码和开彩开出的6个号码相同，那就是头奖，奖金在一亿台币以上。（其实，中国台湾的"大乐透"还要另选一个特别号，但我们就略过这个细节不谈。）

首先，从49个号码里选出6个有13,983,816个选法，换句话说，中头奖的概率少于一千万分之一；其次，不管您选任何6个号码，中奖的机会是均等的，所以，似乎没有什么必胜的策略可言。不过，如果大乐透一连几次没有得主，累积的总奖金超过7亿（$\$50 \times 13,983,816 = \$699,190,800$）时，您可以以7亿元的代价把每一个可能的选法都买下来，那您肯定是会中头奖的了。但是，按照游戏规则，如果几个人同时中奖，那么得平分总奖金，因此，万一另一个人也中了头奖的话，两个人得平分7亿元的奖金，那您没有赚，反而赔了。

所以，如何减低别人和您平分奖金的可能性，倒是一个有研究探讨空间的问题。

统计学家发现在49个号码里，有些号码是热门，也就是大家喜欢选的号码，有些是冷门，也就是大家比较少选的号码。譬如说大于31的号码比较冷门，因为许多人按照生日来选号码，西方人不喜欢选13，中国人不喜欢选4、44等，这些冷门的号码也可以经由统计的方法来评估。当然如果彩券公司愿意把它的数据库公开，我们就可以数一数哪些号码是比较冷门的号码。另一个方法是从每次开彩的结果和奖金分配的情形来倒推，例如从最近几期大乐透开彩的结果，我们发现好几期6个号码中了5个的人数都是四五十人，每人分到的奖金是一百万左右，可是，有一期开出的号码是22、35、37、41、46、47，中了5个号码的人只有26人，因此每人分到的奖金也提高到两百万，我们可以推想22、35、37、41、46、47这些号码是比较冷门的号码。不过，虽然在观念上这是有些道理的，但是实际的分析得出来的结果有用到什么程度是很难说的，而且除了单一的号码是冷门还是热门之外，多个号码的组合也可以有冷门和热门的分别，许多人以为比较规律的号码组合出现的机会比较小，所以，1、2、3、4、5、6；5、10、15、20、25、30也可以算是冷门的组合。

结论是：在理论上，选冷门的号码和冷门的组合，是减低中了奖和别人平分的概率的做法，不过，首要的条件是在一千三百多万分之一的概率中中了头奖！

05 预测轮盘的赢钱数

"轮盘"是在18世纪源自法国的博弈游戏。"轮盘"的周边分成37个等分的格子（美式轮盘分成38个格子），其中36个格子分别写上数字1、2、3……36；18个格子涂上红色，18个格子涂上黑色，第37格子写"0"涂上绿色.赌客下注之后，庄家转动轮盘，顺时针、逆时针方向都可以，然后把一颗钢珠朝着轮盘转动方向投入轮盘，等到钢珠掉进37个格子里的任一个格子里，这个数字和颜色就是开出来的结果。

下注轮盘赌博的方式很多，我们不必在这里一一细说，最简单的是赌钢珠掉进的格子是红色还是黑色，1赔1，但是，如果钢珠掉进"0"这个格子（绿色），那么不管赌客押注的是红色或黑色，都算输，所以，赌客赢的概率是18/37＝0.4865。

从概率的理论来说，赌博都是一个独立的随机事件，没有所谓"必胜"的可能，但是让我们看一个有趣的特殊例子，假如我们一共赌5次，而且这5次的结果已经预先知道是两次红、三次黑，但是，我们不知道这些结果出现的次序，不但有一个必赢的下注策略，而且可以预先知道5次之后，最后会净赢多少钱。

首先，我们决定一连5次都押注"红色"，我们唯一的策略只每次下注多少钱而已，我们的策略很简单：下注金额为A块钱，如果赢了，下一次下注 $\frac{1}{2}$A 块钱，如果输了，下一次下注 $\frac{3}{2}$A 块钱。让我们先看一个例子：

假如5次的结果的次序是红、红、黑、黑、黑：

第1次下注16块钱，结果是红，赢16块钱；

第2次下注8块钱（16块钱的1/2），结果是红，赢8块钱；

第3次下注4块钱（8块钱的1/2），结果是黑，输4块钱；

第4次下注6块钱（4块钱的3/2），结果是黑，输6块钱；

第5次下注9块钱（6块钱的3/2），结果是黑，输9块钱。

总结一下，我们一共赢了24块钱，输了19块钱，结果是净赢5块钱。

假如5次的结果的次序是黑、黑、红、黑、红：

第1次下注16块钱，结果是黑，我们输了16块钱；

第2次下注是24块钱（16块钱的3/2），结果是黑，我们输了24块钱；

第3次下注36块钱（24块钱的3/2），结果是红，我们赢了36块钱；

第4次下注18块钱（36块钱的1/2），结果是黑，我们输了18块钱；

第5次下注27块钱（18块钱的3/2），结果是红，我们赢了27块钱。

总结一下，我们一共赢了63块钱，输了58块钱，结果是净赢5块钱。

有兴趣的读者，可以从第一注下注16块钱开始，随意选择任何两次红、三次黑的排列次序可以算出来，最后一定净赢5块钱，不多不少，神奇极了！

而且根据这些结果，我们可以设计一套魔术：一开始时，魔术师先在一张纸上写下最后净赢的数目；魔术师给观众5张牌：两张红、三张黑，代表5次的结果；按照前面的策略，最后净赢的一定是纸上所写的5块钱。

让我解释这个神奇的结果：首先，每一次下注的策略为下注A块钱，如果赢了，下一次下注金额是xA块钱，x≤1；如果输了，下一次下注金额是yA块钱，y≥1，例如在前面的例子，x＝1/2，y＝3/2，我们一共赌了n次，其中是k的结果是红，n-k次的结果是黑，以前面的例子而言，n＝5，k＝2。

当我们把这些结果随意地排列起来，例如：RBBRB，我们可以一次一次地算出每次的输赢，也从而算出最后的净赢或净输的数目。可是，这里有一个重要的观察：在一连串的R和B的排列里，例如：RBBBR，如果我们把任何两个相邻的RB的排列换成BR，对最后净赢的结果有何影响呢？如果，我们下注A块钱，在RB的排列里先赢了A块钱，接下来输了xA块钱，所以，净赢了（1-x）A块钱，而且再接下来下注xyA块钱。如果我们下注A块钱，在BR的排列里先输了A块钱，接下来赢了yA块钱，所以净赢了（y-1）A块钱，而且再接下来下注xyA块钱。

如果，x和y满足1-x＝y-1也就是x＋y＝2这个条件，那么把任何RB的排列换成BR的排列，最后净赢的钱都是一样的。换句话说，我们有一个定理：如果，x＋y＝2，任何红黑排列的次序，最后净赢的数目都是一样的。因此，我们只要算出，第一注下注一块钱，在n次里，k的结果是红，n–k次的结果是黑，最后净赢的结果：

前面k次，赢了：

$$1+x+x^2+...+x^{k-1}=\frac{1-x^k}{1-x}$$

后面n–k次，输了：

$$x^k(1+y+y^2+...+y^{n-k-1})=x^k\frac{1-y^{n-k}}{1-y}$$

因此，最后的净赢是：

$$\frac{1-x^k}{1-x}-x^k\frac{1-y^{n-k}}{1-y}=\frac{1-x^k}{1-x}-x^k\frac{y^{n-k}-1}{y-1}=\frac{1-x^ky^{n-k}}{1-x}$$

因为，1–x = y–1，回到我们前面 n = 5，k = 2，x = 1/2，y = 3/2 这个例子，套入这个公式：

$$\frac{1-\left(\frac{1}{2}\right)^2\left(\frac{3}{2}\right)^3}{1-\frac{1}{2}}=\frac{5}{16}$$

所以，如果最初下注16块钱，最后一定净赢5块钱。在 n = 5，k = 2 这个例子里，有兴趣的读者也可以选不同的 x 和 y 的数值，例如：x = 0.4，y = 1.6，x = 0.3，y = 1.7

等来算算最后的净赢，在 $n=5$，$k=2$ 这个例子里，当 $x=0.0777\cdots\cdots$，$y=0.9222\cdots\cdots$，这个公式得到最大值是 1.0377。

读者也可以算不同的 n 和 k，不同的 x 和 y 来算算看。按照这个公式，如果我们选 $x=0$，$y=2$，那就是大家知道的下注策略，下注 1 块钱，赢了，就不再赌下去了 $x=0$；输了，赌注加倍 $y=2$，这个公式说只要 $k\geqslant1$，我们肯定最后会赢 1 块钱，可是，在现实的赌场里，不管 n 多大，都没有绝对的保证 $k\geqslant1$！更何况现实的赌场有下注的上限！

练好数学基本功

PART

数字之美：从零到无穷大

01 正整数与自然数

说到数字，大家当然马上就想到1、2、3、4、5……在数学里，这叫做正整数（Positive Integer）。

远古时候，人类已经发现和了解正整数这个观念：一头牛、两头牛、三头牛都是很具体的观念；大家也听过宋朝邵康节作的《山村咏怀》："一去二三里，烟村四五家，亭台六七座，八九十枝花。"

正整数之后，我们也立刻会想到"0"这个数字。其实和正整数相较，"0"是一个比较抽象的观念。一个烧饼、两个馒头、三个小朋友，这些观念都会清楚地呈现在我们眼前和脑海中，但是零头牛是什么呢？是一片空旷的草原吗？有人说："零"就是"没有"呀！因此按照这个说法，有了"有"这个观念，才能够了解相对的"没有"这个观念。

换句话说，了解了正整数的观念，才能够了解"0"的观念。当我们说，桌上没有烧饼时，是指和桌上有一个、两个、三个烧饼相对的观念。"不求天长地久，但愿曾经拥有"，因为"曾经拥有"，才能体会到"不再拥有"的心情。曹植《杂诗》有"妾身守空闺，良人行从军"这两句，意思是"我守在空闺里，丈夫从军去了"，闺房空了是因为丈夫曾经在闺房里相伴。相信大家都听过，在佛教里北宗神秀大师和南宗六祖惠能大师的菩提树偈（偈句是唱歌的词句）的故事。神秀大师念的是："身是菩提树，心为明镜台，时时勤拂拭，勿使惹尘埃"；惠能大师念的是"菩提本无树，明镜亦非台，本来无一物，何处惹尘埃"。"有"和"无"是相对应的、是相互彰显的。

正整数加上零，0、1、2、3……被称为"自然数"（Natural Number）。

在数学里，除了凭一头牛、两头牛的直觉外，我们必须问自然数到底是什么东西？这也是一直到了19世纪数学家才想到的：建立一个严谨的模型，来描述自然数和规范自然数的运算。

在数学里，一个模型建立在一套公理（axiom）上，在这个模型里，一切定义和运算都以这些公理为准则。有关自然数最重要的模型就是按照19世纪意大利数学家皮亚诺（Giuseppe Peano）提出的被称为"皮亚诺公理"

（Peano's Axioms）。它最基本的观念是：0是一个自然数，接下来1是一个自然数，接下来2是一个自然数，接下来3是一个自然数。

这又让我想起一首据说是乾隆皇帝写有关"雪"的诗："一片一片又一片，二片三片四五片，六片七片八九片，飞入芦花都不见。"也是一个自然数接下来又是一个自然数的观念呀！还有，孔子在《论语·子罕》第9篇里说过："譬如为山，未成一篑（盛土的竹筐），止，吾止也；譬如平地，虽覆一篑，进，吾往也！"意思是像堆一座山，还差一筐土，未能成山，停下来，也就是我自己停下来的；像从平地开始，倒一筐土，有进展，也是我自己得来的进展。这可不也是一筐一筐又一筐的说法吗？

在自然数的世界里，我们引进"运算"（Operation）这个观念。"运算"可以说是一个"动作"，它从两个自然数产生一个自然数作为运算的结果，大家最熟悉的一个运算是"加"，5头牛加3头牛等于8头牛，$5+3=8$。另外，一个幽默的例子是：鲜大王"加"清水"等于"鸡汤！我们也说任何一个自然数加0等于这个自然数，$3+0=3$。

在自然数的世界里，一个运算被称为"封闭"（Closed）的运算，如果运算的结果还是一个自然数，很明显的"加"是一个封闭的运算。正如《西游记》里说的，不管孙悟空怎样翻筋斗，始终跳不出如来佛的掌心，换句话说，在如来佛的掌心的世界里，"翻筋斗"是一个封闭的运算。

02 负整数

接下来，让我们讲负整数（Negative Integer）。

也许大家会说负数好像是个很清楚、很简单的观念；正数代表财产、所有，负数代表债务、亏空。但是，若问：负三头牛这观念可以怎样呈现出来呢？当我说我有三头牛，我可以带您去看这三头牛，但是当您说您有负三头牛，您可以带我去看这负三头牛吗？

按照数学历史的记载，负数这个观念首先在中国汉代，大约公元一世纪左右成书的《九章算术》里出现。魏晋时期的数学家刘徽（225-295）为《九章算术》作注，提出正数和负数这两个名词和明确的定义，他说："两算得失相反，要令正负以名之。"意思是"在计算过程中，遇到意义相反的数量，要用正数和负数来区分它们"。他也提出用红色的小棍的数目代表正数，黑色的小棍的数目来代表负数的呈现方式。公元628年，印度著名的数学家、天文学家婆罗摩笈多（Brahmagupta）也提到负数的观念，他在一个数字上面加上一个小点或小圈表示它是一个负数。

可是即使到了十四、十五世纪，许多数学家虽然知道负数的存在，但还是不能接受或者不完全了解负数这个观念，有些数学家把负数叫做"荒谬的数"（Absurd Number），或者把负数的答案看成没有意义、没有用的答案；更有些数学家找出一些奇奇怪怪的论调：既然 –1 比 0 小，3 被 0 除是无穷大，那么 3 除以 –1 是比无穷大更大了，既然 –1 比 ＋1 小，那么 ＋1 除以 –1 是一个大数被一个小数除，–1 除以 ＋1 是一个小数被一个大数除，怎么可能 ＋1 被 –1 除，等于 –1 被 ＋1 除呢？

我在这里作一个交代，站在数学的观点，正整数、零、负整数，以及下面许多我们讲到的数字，在数学上有许多重要的观念和特性，并且从而导出许多重要的规则和运算方法，虽然可以尽量用真实世界的事和物来解释这些观念和规则，但是当我们愈走愈远的时候，请允许我说："这是从数学上的基本定义导引出来的，不过请放心，我们在小学时候学过的东西都是对的，细节就得要等到大学，去学有关代数结构（Algebraic Structures）的课程了。"

03 整数

把自然数和负整数的世界合在一起，就是"整数"的世界。若画一条水平线，中间的位置是 0，往右走是 ＋1、＋2、＋3……往左走是 –1、–2、–3……让我们也把熟悉的"加"和"减"两个运算引进"整数"的世界，例如：5 ＋

$3=8$，$5-3=2$，$5+（-3）=2$，$5-（-3）=8$，你可以用"5块钱加3块钱、5块钱花掉3块钱、5块钱加上欠人家3块钱、和5块钱减掉欠别人的3块钱"来解释。在"整数"的世界，"加"和"减"都是封闭的运算。"加"和"减"都是"互为相反"（Inverse）的"运算"：$5+3-3=5$，$5-3+3=5$。在图4-1里，"加"就是往右走，"减"就是往左走。

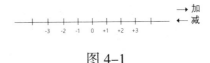

图 4-1

04 有理数与无理数

让我们在正整数的世界引进大家都熟悉的运算"乘"（×），比方：$3×5=15$。乘可以解释为连续的"加"，$3+3+3+3+3=15$，让我们推而广之，在整数的世界引进"乘"的观念，$3×5=15$，$3×（-5）=-15$，$（-3）×（-5）=15$。在整数的世界，"乘"还是一个"封闭"的运算，但是当我们引进"除"（÷），这个运算的时候，"除"在整数的世界里就不再是一个封闭的"运算"了。比方：

$15÷5=3$

$15÷7=？$

因此，我们引进有理数（Rational Number），也就是分数（Fraction）这个观念：让 p 和 q 是整数，q 不等于 0，p 被

q除，写成p/q就叫做一个有理数。因为q可以等于1，所以有理数包括所有的整数。

在有理数的世界里，"乘"和"除"是"封闭"的运算，也是"互为相反"的运算。

谢灵运是东晋时期的文学家，他曾说："天下才共一石，子建独得八斗，我得一斗，天下共分一斗。""子建"就是曹操的儿子、"七步成诗"的曹植，谢灵运这句话的意思是天下的文才，曹子建独得了8/10，我得了1/10，其他所有的人一起共分剩下来的1/10，他的用意是经由推崇曹子建来抬高自己的身价。"八分半山一分水，半分农田和庄园"这句话描写一个地区的地理风貌，85/100是山，10/100是水，5/100是农田和庄园。

有理数也可以用小数点的形式来呈现。例如：9/8可以写成1.125，9/11可以写成0.81818……。当有理数用小数点的形式来呈现时，有两个可能：一个是小数点后面的部分是有限的，例如：1/2＝0.5，另外一个是小数点后面的部分是循环的，例如：22/7=3.142857142857142857……。这两个可能来自当p被q除的时候，如果除得尽，p/q小数点后面的部分是有限的。如果除不尽，每除一次都有一个余数，但是因为一共只有p-1个可能的余数，所以，当余数重复出现时，小数点后面的部分就形成一个循环了。

反过来，如果一个数字用小数点的形式来呈现时，在小数点后面的部分或者是有限的或者是循环的，那么这个数字一定是一个有理数，可以用分数p/q的形式来呈现（这有严谨的数学证明）。换句话说，如果一个数字用小数点的形式来呈现时，在小数点后面的部分是无限而又不是循环的话，那就不是有理数，因此叫做无理数（Irrational Number）。

远在公元前5世纪，希腊数学家已经发现了无理数的观念，并且证明2的开平方$\sqrt{2} = 1.4142135623\cdots\cdots$是一个无理数，这我会在后面多谈一点。

05 代数数与超越数

接下来，让我介绍代数数（Algebraic Number）和超越数（Transcendental Number）这两个观念。

我们都记得$ax + b = 0$叫作一元一次方程式，其中a和b都是有理数，也叫作这个方程式的系数，"一元"是指方程式里有一个未知数x，一次是指方程式里只有x的一次方。而且我们也记得$x = -a/b$叫做这个方程式的根，"根"是指把"根"作为x的数值代进方程式里，结果是等号两边都等于0。

我们也记得$ax^2 + bx + c = 0$叫做一元二次方程式，而且

$$x = \frac{-b \pm \sqrt{b^2 - 4ac}}{2a}$$

是这个方程式的两个根。

推而广之，$ax^n + bx^{n-1} + cx^{n-2} + \cdots = 0$ 叫一元 n 次多项式方程式。

按照代数里基本的结果（Fundamental Theorem of Algebra），它有 n 个根。在直觉上，这似乎是"想当然"，但是在数学里，这必须经过严谨的证明。任何以有理数为系数的一元 n 次多项式方程式，它的根都被称为"代数数"。

很明显地，任何有理数都是代数数，但是有些无理数也是代数数，例如 $\sqrt{2}$ 是 $x^2 - 2 = 0$ 这个方程式的一个根，所以 $\sqrt{2}$ 是一个代数数。在所有的无理数里，不是代数数的无理数，叫做"超越数"。大家最常遇到的超越数包括：圆周率 $\pi = 3.141592653589793\cdots$；自然对数的底数 $e = 2.71821828450945\cdots$；三角函数，例如：$\sin(1/\pi) = 0.841470984807896\cdots$；对数，例如：$\log 2 = 0.693147180559945\cdots$。

大家可以想象得到，要证明一个数字是超越数，需要相当深入的数学工作，不过，让我们以"π"为例子：虽然远在公元前两千多年，数学家已经发现了"π"的观念，可是一直到1761年"π"才被证明是一个无理数，到了1882年"π"才被证明是一个超越数。

让我讲些有趣的故事，当"π"的数值以小数点的形式来呈现时，小数点后面的部分既不是有限的也不是循环的，而且在这些数位里也找不到任何模式或者规则，多年来计算机科学家尝试用计算机算出"π"的数值里的数位，目前最高的纪录是两位日本计算机科学家在2011年算出了10^{13}个数位。至于靠人脑去背诵"π"的数值里的数位呢？在目前的吉尼斯世界纪录（Guinness World Records）中，2005年，中国的吕超在24小时之内连续没有错误地背诵到小数点后第67,890位，用计算机去算"π"的数位目的之一可以说是测试演算用的公式和方法的精算确度和收敛精度，以及超级计算机的速度。至于用人脑去背诵"π"的数位是否可以训练人脑记忆的能力，那就见仁见智了。

06 实数和虚数

前面讲过整数、自然数、有理数、无理数、代数数、超越数这些观念，也顺理成章地有了负的有理数、无理数、代数数、超越数这些观念了。让我作一个总结：画一根水平线，以0为中点，无限地向右向左延伸，其中任何一点都代表一个数字，叫做实数（Real Number）。我们可以把所有的实数分成两块，一块是有理数（包括整数），一块是无理数；也可以另外分成两块，一块是代数数（包括有理数），一块是超越数。

在有理数的世界里"加"、"减"、"乘"、"除"都是封闭的运算，而且"加"和"减"、"乘"和"除"是"互为相反"的运算。

让我们加上一个观念上相当简单的运算，"乘方"：$5 \times 5 = 25$ 是 5 的平方，$5 \times 5 \times 5 = 125$ 是 5 的三次方，$5 \times 5 \times 5 \cdots\cdots$ 是一共 n 次是 5 的 n 次方，同时，$(-5) \times (-5) = 25$ 是 (-5) 的平方，$(-5) \times (-5) \times (-5) = (-125)$ 是 (-5) 的三次方等。很明显的和"乘方"互为相反的运算是"开方"。5 的平方是 25，那么开平方 25 的结果是什么呢？这里我们遇到两个以前没有遇到的情形：按照乘法的定义，开平方 25 有两个结果：$+5$ 和 -5，因为 $(+5) \times (+5) = 25$ 和 $(-5) \times (-5) = 25$。但是，(-25) 开平方的结果是什么呢？按照在乘法里"负负得正"的规则，一个实数（不管它是正或负）平方的结果一定是一个正数，绝不可能是一个负数。因此，如果我们在所有的实数的世界里，引进"平方"和它的相反运算"开平方"的话，必须扩大我们的世界，加入负数开平方的结果，这就是一个虚幻的世界，里头的数字就是"虚数"。

我们可以想象两条水平线，上面一条是一个真实的世界，代表所有的实数，下面一条是一个虚幻的世界，代表所有的虚数。如果 r 是一个实数，ri 就是一个虚数。如果在现实的世界里，有 3 头牛、-3 头牛、$\frac{2}{5}$ 头牛，在虚幻的世界就有虚幻的3头牛（3i）、虚幻的3头牛（–3i）和虚幻的$\frac{2}{5}$头牛（$\frac{2}{5}$i）。那么i是什么呢？i和–i是–1开平方的两个答案，换句话说i² = （–i）² = –1。虚数在英文里是Imaginary Number，"imaginary"这个字来自"imagine"这个字，"imagine"翻译成"想象"比较贴切，因此，大家可以把虚数这个观念看成一个虚幻不存在、也可以看成一个想象中存在的数字。

按照我们以前的经验，一个运算只有一个结果，不过，我们可以把"运算"的定义推广到一个运算可以有多于一个结果。

这里说个题外话，什么是想象呢？有人指出法国雕塑艺术家罗丹（Auguste Rodin）最有名的雕像《沉思者》（The Thinker），他的右臂放在左边的大腿上，不像我们通常会把右臂直接放在右边的大腿上，他的身体扭转低俯，眉头紧锁，连脚趾也弯起来，他在想什么呢？他一定不是在想一些现实、具体、简单的事物，他一定是在虚幻的世界想象、深思。

也有人说过一个譬喻。有一个外星人来到地球，他去看篮球比赛，和我们一样，他可以看到每一件事和物，唯独看不到那个篮球。他看到球员们一下向某方向跑去，又一下子退到某一方向。常常有球员一只手一下一下往下拍，当球员双手举高前伸时，观众会鼓掌呐喊。可是，当另一

个球员同样双手举高前伸时，观众会唉声叹气喝倒彩。在
他的世界里，那个篮球是一个虚幻的物体，但是假如他能
够想象得到那个球的存在，他对整场篮球比赛就能够完全
了解了。

07 复数

在实数的世界里，加和减是互为相反的运算，而且是
封闭的运算；乘和除是互为相反而且也是封闭的运算。

在实数的世界里，乘方和开方是互为相反的运算，同时
乘方是一个封闭的运算，但是开方却不是一个封闭的运算。

所以，我们把视野扩大为实数和虚数的世界。在实数
和虚数的世界里，乘方和开方是封闭的运算，乘和除也是
封闭的运算。实数乘实数结果是实数，实数乘虚数结果是
虚数，虚数乘虚数结果是实数，乘和除这两个运算，带着
我们在实数和虚数两个领域里往返周游，可不是"色不异
空，空不异色，色即是空，空即是色"的说法吗？

可是，在实数和虚数的世界里，加和减却不是封闭的
运算：例如一个实数2加上一个虚数3i，结果既不是一个
实数也不是一个虚数，因此我们把世界扩大成为一个复数
（Complex Number）的世界，一个复数是一个实数加上一个
虚数。例如：$2+3i$ 或者 $\sqrt{2}-5i$。

在复数的世界里，加、减、乘、除的运算和实数加、减、乘、除的运算相似，运算的结果也是一个复数。但是，让我们仔细地来了解在复数的世界里"乘方"和"开方"这两个运算。"乘方"和"开方"这两个运算可以用b^n来代表。b叫做"基数"（Base），n叫做"指数"（Exponent）。在最广泛的情形下，基数和指数都是复数。不过，如果指数是正整数n，b^n就是$b \times b \times b \times \cdots\cdots n$次如果指数是有理数$\frac{1}{n}$，$b^{\frac{1}{n}}$就是$\sqrt[n]{b}$。例如：

$$\sqrt{1} = \pm 1$$

$$\sqrt{-1} = i \text{、} -i$$

$$\sqrt{i} = \left(\frac{1}{\sqrt{2}} + \frac{1}{\sqrt{2}} i\right) \text{、} \left(-\frac{1}{\sqrt{2}} - \frac{1}{\sqrt{2}} i\right)$$

$$\sqrt[3]{1} = 1 \text{、} -\frac{1}{2} + \frac{\sqrt{3}}{2} i \text{、} -\frac{1}{2} - \frac{\sqrt{3}}{2} i$$

$$\sqrt[3]{i} = \frac{1}{2} i + \frac{\sqrt{3}}{2} \text{、} \frac{1}{2} i - \frac{\sqrt{3}}{2} \text{、} -i$$

在b^n里，如果n是一个复数，也让我讲几个例子：

$$2^i = 0.762 + 0.6389i$$

$$10^i = -0.66820 + 0.74398i$$

$$e^{\pi i} = -1$$

上面这个例子就是有名的"欧拉方程"（Euler's Equation），也可以写成$e^{\pi i} + 1 = 0$。它结合了e、π、i、1

和0这五个常数。"加"、"乘"和"乘方"这三个运算，还有"相等"这个关系，有数学里最美丽的方程式之称；也有一个传说，19世纪伟大的数学家高斯（Carl Friedrich Gauss）说过："假如一个人看到欧拉方程，不能马上说出来'这是显浅易明'的话，他就永远不可能成为一流的数学家。"欧拉方程来自欧拉公式（Euler's Formula）：$e^{ix}=\cos x+i\sin x$，这又把代数和三角函数结合起来了。

总而言之，在复数的世界里，加、减、乘、除、乘方、开方都是封闭的运算。

08 规矩数

在几何里，给出一个正实数r，如果能够以长度已知为1的线段作参考，只用直尺和圆规可以画出长度为r的线段，r就叫做规矩数或者"可造数"（Constructible Number）。

让我先作名词解释，在中文里，规是用来画圆的圆规，矩是用来画直角的曲尺，所以，规矩也可以指圆规和直尺，因为反正有了圆规和直尺就可以画直角。

首先，让我仔细地描述直尺和圆规的功能：

一、直尺可以用来画一条直线，或者把两点连起来。

二、直尺是无限长的，但是尺上没有刻度，也不可以在上面画刻度。

三、圆规可以以一点为圆心，通过另一点画一个圆。

四、画完一个圆后，把圆规从纸面提起时，圆规就会合起来。换句话说，如果用圆规画了一个圆，不能把圆规提起，直接在另一个地方画一个同样半径的圆。

这样一来，我们马上就想到一个最基本的问题：两点之间有一条线段，我们能不能用直尺和圆规画出另一条长度一样的线段呢？远在公元前300年，希腊数学家欧几里德（Euclid）就已经指出即使圆规提起之后会合起，我们还是可以在另一个地方画出一个同样半径的圆。

该怎样做呢？有兴趣的读者可以试着把答案找出来，所需要的只是基本的高中几何而已。

很明显地，正整数，例如9，有理数，例如$\frac{3}{5}$，都是规矩数。按照下面要讲到的勾股定理，$\sqrt{2}$也是规矩数；说得更广一点，如果r是一个规矩数，$\sqrt{r}$也是一个规矩数。让我挑战有兴趣的读者用圆规和直尺画出一个长度＝$\sqrt{1+\sqrt{2+\sqrt{3+\sqrt{4+\sqrt{5}}}}}$ 的直线。

要把什么实数是规矩数，什么实数不是规矩数，在数学上严谨地定义出来，需要引进比较多数学的观念。一个比较容易说得清楚（当然，需要严谨地证明）的结果是一个规矩数一定是一个代数数，但是，反过来一个代数数不一定是一个规矩数，例如是$\sqrt[3]{2}$是一个代数数，因为它是$x^3-2＝0$这个方程式的一个根，但是它不是一个规矩数。

规矩数和代数数的观念把几何和代数这两个似乎是没有关联的数学领域连接起来，这其中一个最重要的例子：远在古希腊时代，数学家提出了三个几何里的难题：

第一，已知一个圆，画一个面积相等的正方形。

第二，已知一个正立方体，画一个积体是它2倍的正立方体。

第三，三等分一个已知的角。

要如何证明这三道难题是不可能的呢？

假设一个半径是r的圆，面积是 πr^2，一个面积相同的正方形的边长是 $\sqrt{\pi} r$，由于数学家已经证明 $\sqrt{\pi} r$ 不是一个规矩数，因此我们不可能画一个边长是 $\sqrt{\pi} r$ 的正方形。同样，一个边长为r的正立方体的体积是 r^3，因此一个体积是它的两倍的正立方边长是 $\sqrt[3]{2} r$，但是 $\sqrt[3]{2} r$ 不是一个规矩数。至于三等角分一个角，需要讲到一些比较复杂数学观念，其基本的观念还是源自规矩数。

09 无穷大

趁这个机会利用已经建立的基础，介绍一个重要的观念，那就是无穷大。

我们说过0、1、2、3、4、5……是自然数，那么一共有多少个自然数呢？直觉的回答是从0开始一个一个数下去，一直都数不完，因此，我们说有无穷大那么多个自然数。但是，从数学的观点来说，到底无穷大的定义是什么呢？

在回答这个问题前，让我先问在自然数里，一共有多少个偶数呢？0、2、4、6、8、10……这样数下去也一直数不完，那么是不是也有无穷大那么多个偶数呢？同样，一共有多少个奇数呢？1、3、5、7、9……那么是不是也有无穷大那么多个奇数呢？这可把我们弄得有点糊涂了。

19世纪德国数学家康托（Georg Cantor）提出了"一一对应"（One-to-One Correspondence）这个观念来解除我们的困惑。

首先，让我解释"一一对应"这个观念：哥哥、弟弟和妹妹一起去买冰淇淋，冰淇淋的口味有香草、草莓和巧克力，如果哥哥选香草，弟弟选草莓，妹妹选巧克力，只要每个人选的都是不同的口味，每种口味被不同的人选，那就是"一一对应"。这样我们就可以说这一家小孩的数目和店里冰淇淋口味的数目是一样的。但是如果爸爸、妈妈也要来买冰淇淋，而店里还是只有香草、草莓和巧克力这些口味的话，那么我们就无法找到这一家人和店里冰淇淋口味之间的"一一对应"，就可以说这一家人的数目和冰淇淋口味的数目是不一样的。因此，如果我们用冰淇淋口味的数目作为自然数3的定义，那么红、白、蓝这一组颜色，早、午、晚这一组时段，和香草、草莓、巧克力这一组口味之间都可以建立一个"一一对应",因此,我们也可以说红、白、蓝是三种颜色,早、午、晚是三个时段,但是,生、老、病、死可就不是三个过程了。

让我们把所有的自然数的数目定义为无穷大,以下我们会谈到这是最"起码"的无穷大,在数学上叫做"可数的无穷大"(Countable Infinite)。这一来,如果有另一组数字,我们能够证明这些数字和所有的自然数之间有"一一对应",那么这一组数字的数目也就是无穷大了,例如,在所有的偶数里:

0和自然数里的0相对应,

2和自然数里的1相对应,

4和自然数里的2相对应,……

因此,所有偶数的数目也是无穷大,同样在所有的奇数里:

1和自然数里的0相对应,

3和自然数里的1相对应,

5和自然数里的2相对应,……

因此,所有奇数的数目也是无穷大。

那么,所有的整数呢?把它们按照0、1、-1、2、-2、3、-3、4、-4……这个顺序逐一排列起来,同时也把所有的自然数按照0、1、2、3、4、5、6、7、8……这个顺序逐一排列起来,结果就是:

0和自然数里的0相对应，

1和自然数里的1相对应，

-1和自然数里的2相对应，

2和自然数里的3相对应，

-2和自然数里的4相对应，……

因此，所有整数的数目也是无穷大，可见只要能够把一组数字或物件按照某个顺序逐一排列起来，就可以和所有的自然数按照0、1、2、3……这个顺序排起来建立"一一对应"了。

康托的一一对应的观念，不但为无穷大下了一个清晰明确的定义，也解释了许多我们以前常常听到却无法严谨地解释的说法。例如，无穷大加无穷大还是无穷大，无穷大减无穷大还是无穷大，无穷大加一个常数、无穷大减一个常数、无穷大乘一个常数还都是无穷大。

那么一共有多少个有理数呢？答案还是无穷大。换句话说，可以将所有的有理数按照某一个顺序，逐一排列起来，因而每一个有理数有一个不同对应的自然数。至于如何找出一个顺序将所有的有理数逐一排列起来，那并不是一个困难的问题，我就留给有兴趣的读者了。按照这个结果，无穷大乘无穷大，还是无穷大。

我们所讲的无穷大是最"起码"的无穷大，数学上叫做"可数的无穷大"，那么有没有比可数的无穷大更大的无穷大呢？答案是"有"。

所有实数的数目是大于所有自然数的数目的，换句话说，可以证明所有的实数和所有的自然数之间，不可能有一一对应，这如何证明呢？

康托提出一个很重要、很巧妙但也很容易了解的方法叫做"康托对角化方法"（Cantor's Diagonal Method）来证明这个结果，有兴趣的读者就赶快去把这个方法找出来吧！

实数的数目比可数的无穷大更大，因此叫做"不可数的无穷大"（Uncountable Infinite），举例来说，代数数的数目是可数的无穷大，超越数的数目是不可数的无穷大。有没有比不可数的无穷大更大的无穷大呢？还是有，有兴趣的读者可自行研究。

在文学里，我们常用"恒河沙数"代表很多、很多，也就是很大的一个数目的意思，但"恒河沙数"毕竟是一个有限大的数目，一般的解释是"恒河沙数"就是恒河边上的沙粒的数目，其实按照《金刚经》的说法，如果恒河边上的每一粒沙变成一条恒河，"恒河沙数"是沙粒的总数，用数学的符号来表示，如果恒河边上有n粒沙，"恒河沙数"就是n^2粒沙，还是一个有限大的数目，即使n^3、n^4……n^{100}也还是一个有限大的数目。

《庄子·养生主》第三里说："吾生也有涯，而知也无涯，以有涯随无涯，殆已。"意思是：我们的生命是有限的，而知识却是无穷的，用有限的生命去追求无穷的知识，殆已。"殆已"这个词，有人翻成"那是很劳累的"，也有人翻成"那是很危险的"，我觉得不如翻成"那是需要很努力的"。大家也听过"学海无涯勤是岸，青云有路志为梯"，"学海无涯勤是岸"可说是对庄子的说法的回应，"青云有路志为梯"不就是前面提过的画一根水平线，以0为中点，往右逐步移动，就是＋1、＋2、＋3、＋4……的数学观念吗？

丢番图方程式与邮票面额的配对

老先生到邮局寄信。卖邮票的小姐说有两种邮票，面额分别是6元及21元。老先生说："我想买80元的邮票。"卖邮票的小姐说："没办法配得刚好。"

老先生问："为什么？"卖邮票的小姐说："6元被3除得尽，21元也被3除得尽，所以，不管如何配，配出来的总数也一定被3除得尽，但是，80元不能被3除得尽。"

第二天老先生又来了，卖邮票的小姐说新的邮票发行了，新的两种邮票的面额是5元和21元。老先生说："我一共需要79元的邮票。"卖邮票的小姐说："那没办法配得出来。"

老先生又问"为什么"？卖邮票的小姐说："我就是试来试去都配不出来。"

第三天老先生又来了，还是只有两种邮票，面额是5元和21元，老先生的邮资是89元，卖邮票的小姐给他一张5元和4张21元的邮票，一共89元。

第四天老先生又来了，他要的邮资是157元，卖邮票的小姐说有两种配法，23张5元和两张21元的邮票，或是两张5元和7张21元的邮票。

而且从此以后老先生发现，只要邮资超过79元，卖邮票的小姐都一定能够帮他分配好，老先生觉得这倒真有趣，决定请数学老师为他解释。

01 丢番图方程

远在公元200年左右，希腊数学家丢番图（Diophantus of Alexandria）写了一系列的书——《数论》（*Arithmetica*），讨论代数方程式的解答，也因此被尊称为"代数学之父"。他特别提出以整数为系数的代数方程式，有没有整数答案这个问题。譬如我们问19y-8x = 1这个代数方程式，x等于什么正整数，y等于什么正整数可以满足这个方程式呢？答案是：x = 7，y = 3。

但是让我们看一个相似的简单的例子，12y-3x = 2，这个代数方程式却没有正整数答案，换句话说，没有两个正整数可以作为x和y的值来满足这个方程式。验证如下：

$$3x=12y-2$$

$$x = \frac{12y-2}{3} = 4y - \frac{2}{3}$$

因此，不管 y 是什么整数值，x 都不可能是整数。一个或者一组以整数为系数而且只接受整数或正整数为答案的方程式就叫做"丢番图方程式"（Diophantine Equation）。

让 a、b 和 n 是三个常数，x 和 y 是两个未知数，ax + by = n 在数学上叫做"二元一次线性方程式"，这个方程式可以有很多不同的答案，我们可以随便选一个 x 的数值叫做 x_0，然后算出相当于 y 的数值，叫做 y_0，$y_0 = \dfrac{n - ax_0}{b}$，很容易。但是，如果加上一个条件：x 和 y 的答案都必须是整数，甚至是正整数，那么就有很多不同的可能了。

回到前面老先生买邮票的问题，a = 5，b = 21 是两种邮票的面额，如果老先生买 x 张 5 元的邮票，y 张 21 元的邮票，那么总数就一共 5x + 21y，如果邮资是 79 元，那就是说我们要找出 5x + 21y = 79 这个方程式的正整数答案，但是这个方程式没有正整数答案，怪不得卖邮票的小姐没有办法配出来。如果邮资是 157 元，5x + 21y = 157 这个方程式有两组正整数答案，而且如果邮资大于等于 80 元，也就是 n ≥ 80，那么 5x + 21y = n 这个方程式一定有正整数答案。

02 弗罗贝尼乌斯数字

让我们小心地分析一下，在 ax + by = n 这个方程式里，首先假设：a、b 和 n 都是正整数，而且 a 和 b 是互质的，也就是说 a 和 b 的最大公约数是 1。远在 19 世纪德国数学家弗罗贝尼乌斯（Ferdinand Georg Frobenius）证明了只要 n>ab-a-b，那么 ax＋by＝n 这个方程式就一定有正整数答案，ab-a-b 这个数字就叫作弗罗贝尼乌斯数字（Frobenius Number）。前面提到老先生买邮票的例子里，a＝5，b＝21；ab-a-b＝105-5-21＝79，难怪只要老先生的邮资超过 79 元，卖邮票的小姐一定配得出购买邮票的组合。

让我指出弗罗贝尼乌斯的结果有两个重要的含义，第一，对任何 a 和 b，只有有限的若干个不同的 n，ax＋by＝n 这个方程序没有正整数答案；第二，这些 n 的数值以 ab-a-b 为上限。这两点都可以严谨地证明。但是，从直觉来说，对任何已经选定的面额 a 和 b，只要 a 和 b 是互质的，高额的邮资是一定可以配出来的，倒是有点意想不到的结果。

弗罗贝尼乌斯告诉我们，如果 a 和 b 是互质，而且 n>ab-a-b，那么 ax＋by＝n 这个方程式就一定有正整数答案，那么有多少个不同数值的 n，ax＋by＝n 这个方程式没有正整数答案呢？19 世纪英国数学家西尔维斯特（James Joseph Sylvester）证明了：n 的数值从 1 到 ab-a-b＋1 里，有一半 ax＋by＝n 有正整数答案，另外一半没有。譬如说 a＝5，n＝21，ab-a-b＋1＝80，按照西尔维斯特的结果：从 1 到 80 里有 40 个 n 的数值：1、2、3、4、6、7……73、74、79，ax＋by＝n 没有正整数答案，另外 40 个 n 的数值：5、

10、15、20、21······76、77、78、80，$ax + by = n$ 有正整数答案。真巧，一半、一半?

是的，不管 a 和 b 是什么数值，只要 a 和 b 是互质的，肯定是一半、一半。

一个有两个未知数的线性丢番图方程式 $ax + by = n$ 有相当简单的步骤可以将所有的整数答案（包括正整数和负整数答案）列出来。举例：$5x + 21y = 157$ 这个丢番图方程式，所有的整数答案可以写成：$x = -628 + 21t$，$y = 157 - 5t$，$t = 0$、1、2、3······，例如：$t = 0$，$x = -628$，$y = 157$ 是一组整数答案；$t = 30$，$x = 2$，$y = 7$ 是一组正整数答案；$t = 31$，$x = 23$，$y = 2$ 又是另一组正整数答案。

老先生买邮票的问题，可以推广到有三种不同面额的邮票，a、b、c，所以我们就问 $ax + by + cz = n$ 这个方程式，x、y 和 z 三个未知数是否有正整数答案？

如果 a、b、c 的最大公约数是 1，那么和前面只有两种面额邮票的情形相似，只要 n 大于某一个数值，$ax + by + cz = n$ 就肯定有正整数答案，这个数值就叫做 a、b、c 的 Frobenius Number。

不过数学家还没有找到一个简单的公式可以把 a、b、c 的弗罗贝尼乌斯数字表达出来。倒是对已知的 a、b、c，我们可以用算法把它的弗罗贝尼乌斯数字找出来。举例来说，4、7、12 的弗罗贝尼乌斯数字是 17；4、9、11 的弗罗贝尼乌斯数字是14；6、9、20的弗罗贝尼乌斯数字是43。到麦当劳买麦克鸡块，小盒6块、中盒9块、大盒20块，只要超过43块，就一定配得出来。四种或者四种以上不同面额邮票的结果也能够相似地推广。

03 一个有趣的例子：水手分椰子

让我们再看一个二元一次线性丢番图方程式的例子：有5个水手，他们的船在风浪里沉没了，逃生到一个小岛上，发现椰子树上有一大堆椰子，旁边站着一只猴子。他们同意先休息一个晚上，第二天早上起来再把椰子平分为5等份。

到了半夜，第一位水手偷偷爬起来把椰子分成5等份，还剩下一个，他把剩下来的那一个给了猴子，自己拿了1/5藏起来，把剩下来的椰子留在树底下又回去睡觉了。

过了一会儿，第二位水手也偷偷地爬起来，把留在树底下的椰子分成5等份，又刚刚好剩下一个，他也将剩下来的那一个给了猴子，自己拿了1/5藏起来，也将剩下的椰子留在树底下，然后回去睡觉了。

第三位水手也是如法炮制，第四位及第五位皆是如此。

第二天早上，大家起来了，都装着若无其事，跑到树底下，大家一起将椰子分成5等分，又恰巧剩下一个，也把这一个椰子给了猴子，请问：原来有几个椰子？

假设一开始树底下有a个椰子，每经过一个水手偷偷私藏之后，剩下来的是b、c、d、e、f个椰子，因此：

$$b = (a-1) - \frac{a-1}{5} = \frac{4}{5}(a-1)$$

$$c = \frac{4}{5}(b-1)$$

$$d = \frac{4}{5}(c-1)$$

$$e = \frac{4}{5}(d-1)$$

$$f = \frac{4}{5}(e-1)$$

换句话说，f是第二天早上五个水手在一起的时候剩下来的椰子数目，因此，用g来代表第二天早上每个水手最后平分得到的椰子的数目为：

$$g = \frac{1}{5}(f-1)$$

这个六个方程式可以简化为：1024a−15625g ＝ 11529。

因为1024和15625是互质，这个丢番图方程式有正整数解，而且最小正整数解是a ＝ 15621、g ＝ 1023。换句话说，除了每个水手自己偷偷藏起来的椰子外，第二天早上每人分到1023个椰子。

04 一个古老的例子：阿基米德的牛

最后，让我为大家讲一个古老的例子，而且它的答案毫无疑问会令您瞠目结舌。

大家都记得阿基米德（Archimedes of Syracuse）是公元前200多年希腊的数学家。他提出了一道牛群里一共有多少头牛的题目，还轻松地把这道题目用一首诗的形式表达出来.他这道题目是1773年在德国一家图书馆收藏的他的手稿里发现的。

这首诗一开始是这样说的：

朋友，如果您自认勤奋和聪明，那您就来算算太阳神的牛群里有多少头牛吧！它们聚集在西西里岛上，分成4群在您闲地吃草，一群是毛色像乳汁一样的白牛，一群是毛色闪耀有光泽的黑牛，一群是毛色棕色的棕牛，一群是毛色斑斑点点的花牛。当然每群牛又分成公牛和母牛，让我告诉您：白色公牛的数目等于1/2黑色公牛再加上1/3黑色公牛再加上所有棕色公牛的数目。

接下来，还有其他相似的条件，就不在这里叙述了。这些条件可以写成7个方程式，用大写A、B、C、D代表4种公牛的数目，用a、b、c、d代表4种母牛的数目，有3个方程式用公牛的数目来表达公牛的数目：

A=（1/2+1/3）B +C

B=（1/4+1/5）D+C

D=（1/6+1/7）A+C

另外，4个方程式用公牛和母牛的数目来表达母牛的数目：

b=（1/3+1/4）（B+b）

d=（1/4+1/5）（D+d）

a=（1/6+1/7）（A+a）

c=（1/5+1/6）（C+c）

阿基米德的问题就是在这7个方程式里，找出8个未知数的正整数答案。

这个题目并不困难，最小的一组正整数答案是：

A = 10,366,482，a = 7,206,360

B = 7,460,514，b = 4,893,246

C = 4,149,387，c = 5,439,213

D = 7,358,060，d = 3,515,820

加起来总共是50,389,082头牛。

不过，阿基米德接着在诗里说：假如您将题目解到这里，您当然不算无知和无能，但是还不能被算入聪明之列，让我们加上两个条件，白色公牛和黑色公牛的总数是一个完全平方，换句话说 $A+B=m^2$；棕色公牛和花色公牛的总数是一个三角形数，换句话说，$C+D=\dfrac{m(n+1)}{2}$，m和n都是正整数。

这道题听起来简单，但是需要用来解这道题的数学是相当复杂的。首先，让我交代一下：可以证明阿基米德的问题有无穷个正整数解。

到了 1880 年德国数学家安索尔（A. Amthor）声称找出了一个答案，他说牛群里的牛总数是一个 206,545 位数，前面四个数位是 7766……，他的答案大致是接近的，但是并不完全准确，当然，安索尔不是瞎猜，可是，他的计算使用对数，而当时对数计算的精准度是不够的。这其中一个重要的步骤就是决定 $x^2-41028642327842y^2=1$ 这个丢番图方程式的正整数答案。

到了 1965 年，三位数学家靠计算机的辅助，将最小的答案算出来。到了 1981 年，在超级计算机上花 10 分钟的时间就把答案找到，并且在打印机上印出来，那是一共是有 47 页的一个 206,545 位数，77602714……237983357……55081800，其中每一个点（.）代表 34420 个数位。如果一个人用手把这个数字写出来，一秒钟一个数位，那要写 2 天 9 小时 22 分钟 25 秒，这可真是一个惊人的数目！

当然，有趣的是：阿基米德知不知道这道题的答案是什么？

勾股定理

3、4、5 是一组有趣的数字：$3^2 + 4^2 = 5^2$。5、12、13 也有同样的关系：$5^2 + 12^2 = 13^2$，还有 44、117、125，$44^2 + 117^2 = 125^2$。

这一组三个整数 a、b、c，满足 $a^2 + b^2 = c^2$ 这个关系，叫做"毕氏三元组"（Pythagorean Triple），也叫做勾股数。

01 毕氏三元组

按照考古学家的考证，远在公元前 1800 年，巴比伦人已经发现了毕氏三元组这个观念和若干例子。按照中国历史上《周髀算经》（公元前 500 年左右）的记载，远在公元前 1100 年，西周时代的数学家商高也已经观察到（3,4,5）是一个毕氏三元组的例子。

从 $a^2 + b^2 = c^2$ 这么一个简单的关系开始，可以得出很多有趣的结果：首先，如果（a,b,c）是一个毕氏三元组，把a、b、c都乘上一个常数k，当然（ka,kb,kc）也是一个毕氏三元组。例如：（3,4,5）是一个毕氏三元组，（6,8,10）、（30,40,50）也是。

让我们排除这些明显而趣味不大的延伸，规定a、b、c中任何两个数字都是互质的（Coprime），就是任何两个数字没有公因子（共同的除数）。那么我们的第一个问题是一共有多少个不同的毕氏三元组呢？答案是无穷大。远在古希腊时期，数学家欧基里德已经发现一套公式可以用来写下无穷大那么多个毕氏三元组。

接下来让我们从$a^2 + b^2 = c^2$这个关系，讲一些有趣而且似乎意料不到的结果，例如：

1.在a、b、c里，a和b一个是奇数、一个是偶数。

2.在a、b、c里，c一定是奇数。

3.在a、b里，有且只有一个数字能被3除尽。

4.在a、b里，有且只有一个数字能被4除尽。

5.在a、b、c里，有且只有一个数字能被5除尽10。

6.在a、b、a＋b、b-a这4个数字里，有且只有一个数字能被7除尽，例如在（3,4,5）里，3＋4＝7，被7除尽，在（33,56,65）里，56被7除尽，在（48,55,73）里，55-48＝7，被7除尽。

7.在a＋c、b＋c、c-a、c-b，这4个数字里，有且只有一个数字能被8除尽，有且只有一个数字能被9除尽，例如在（3,4,5）里，$3+5=8$，被8除尽，$4+5$被9除尽。

8.c本身也一定是两个平方的和，例如在（3,4,5）里，$5=1^2+2^2$，在（33,56,65）里，$65=4^2+7^2$，在（48,55,73）里，$73=3^2+8^2$。

9.在a、b、c三个数字里，最多只有一个数字是完全平方，例如在（3,4,5）里，4是2的平方，在（17,144,145）里，144是12的平方，在（33,56,65）里，没有一个是完全平方。

要证明这个结果，17世纪法国数学家费马（Pierrede Fermat），也就是我们后面要讲的另一个故事的主角，发明了一个叫做"无穷递降方法"（Infinite Descent），这个方法是反证法里的一个方法。

02 费马无穷递降法

在数学和逻辑学里，如果我们想要证明一个结果是错误的话，反证法是常用的一种方法：我们先假设某一个结果是对的，然后从这个结果导引出一个已经知道是错误的结果，因此就可断定原来的假设是错误的。

一个有名的故事就是《韩非子·难一》里讲的，有一个人在街头卖长矛和盾牌，他说："我的长矛可以刺穿世界上任何的盾牌。"又说："我的盾牌可以抵挡世界上任何的长矛。"在旁观看的人就问他："如果用您的长矛去刺您的盾牌，结果会如何呢？"这就证明了他原来说法不可能是对的，也就是"自相矛盾"这句话的出处。

让我举一个数学里的例子：我们要证明在所有整数里有无穷多个质数，那么反过来假设在所有整数中"只有有限个质数"，那么我们把这些质数全部乘起来加1，这是另外一个质数，也就是反证了"只有有限个质数"这个说法了。

要证明在毕氏三元组，a、b、c里最多只有一个数字是完全平方，费马说假设在a、b、c里有两个数字是完全平方，从a、b、c这三个数字，他可以找出另外一个毕氏三元组，a_1、b_1、c_1里也有两个数字是完全平方，而且c_1比c小。这一来他也可以找出另外一个毕氏三元组，让我们称为a_2、b_2、c_2里，也有两个数字是完全平方，而且c_2比c_1小。这样不断递减下去，我们最终走到一个不可能存在的毕氏三元组，这就证明了原来的假设"在a、b、c三个数字里，有两个是完全平方"是错误的了。这是基本的观念，不过，这里所需要用到的也只是高中程度的代数而已。

费马问：在a、b、c三个数字里，可不可能a＋b是个完全平方，c也是个完全平方？

答案是不但可能，费马也证明了有无穷个答案，其中最小的答案a、b、c都是13位的数字：

a＝1,061,652,293,520

b = 4,565,486,027,761

a + b =（2,372,159）^{2}

c = 4,687,298,610,289 =（2,165,017）^{2}

您会问费马怎么把这些数字找出来的？他的方法十分巧妙，但是有理可循，容易看得懂。数学就是那么有趣的一门学问。

03 勾股定理的几何的观点

接下来，让我们从几何的观点来谈毕氏三元组。

大家都记得在几何里，直角三角形是一个三角形，其中有一个角是90°。让a、b、c代表一个正直角三角形三边的长度，c是对着90°角那一边，也是最长的一边，叫做"斜边"，a和b都叫做"边"。

在中国古代的记载里，斜边c叫做"弦"，比较短的一边a叫做"勾"，比较长的一边b都叫做"股"，这就是在中国古代毕氏三元组被称为"勾股数"的原因。

一个大家都熟悉、可是仔细想一下都是相当神妙的结果，任何一个直角三角形的三边a、b、c一定满足$a^2 + b^2 = c^2$这个条件，而且a、b、c并不限于是整数。这个结果就叫做"毕达哥拉斯定理"（Pythagorean Theorem）。

毕达哥拉斯（Pythagoras）是公元前500年左右希腊的

数学家。在西方数学历史里，将他视为发现证明这个结果的人，不过，我们在前面讲过，按照中国数学历史的记载，公元前1100年西周时代的数学家商高也已经观察到这个结果，所以，在中文里这个定理也叫做"商高定理"。

勾股定理是如何证明的呢？据说大概有300多个不同的方法，这可以说是数学里有最多不同的方法去证明的一个结果。让我选一个差不多光靠一张图就可以将结果说出来的证明。

首先，一个三边是a、b、c的直角三角形，面积是$\frac{1}{2}ab$。接下来，让我画一个边长是a+b的正方形，面积是$(a+b)^2$，在这个正方形的四个角上分别剪下一个三边是a、b、c的直角三角形，如图4–2所示，这个四个直

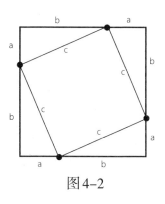

图4–2

角三角形的面积是$4 \times \frac{1}{2}ab = 2ab$。剩下来的是一个边长是c的正方形，它的面积是$c^2$。因为原来的正方形的面积是这四个直角三角形的面积加上边长是c的正方形的面积。所以，$(a+b)^2 = 2ab+c^2$，经过简化后得出$a^2+b^2 = c^2$。

大家都记得在初中的时候，就学过勾股定理的应用：例如游泳池两边的长度是15公尺和25公尺，那么对角的长

度是 $\sqrt{15^2+25^2} = 29.155$ ；另外，101大楼的高度是508公尺，因此站在地面上离开101大楼1000公尺的地方，地面和大楼顶上尖塔的直线距离是 $\sqrt{508^2+1000^2} = 1121.635$ 公尺。

让我再举一个例子：一个长方形，边长是P和Q，如何找出一个面积相同的正方形？长方形的面积是P×Q，所以面积相同的正方形的边长是 $\sqrt{PQ}$ 。让我们画一个直角三角形，斜边的长度是 $\frac{1}{2}$(P+Q)，一边的长度是 $\frac{1}{2}$(P-Q)，那么另外一边的长度正好是 $\sqrt{PQ}$ 。您看勾股定理多有用！

04 再谈无理数

上面几个简单的例子指出勾股定理引进了一个重要的运算功能，那就是开平方，而且从开平方这个运算，古希腊数学家发现了无理数（irrational number）这个观念。

当我们画一个两边长度都等于1的直角三角形，斜边就等于 $\sqrt{1^2+1^2}$ ，那就是 $\sqrt{2}$ ，但 $\sqrt{2}$ 是一个无理数。据说当时和毕达哥拉斯一起的数学家震惊之余，还把发现 $\sqrt{2}$ 是无理数的数学家丢到大海里。

那么，怎样证明 $\sqrt{2}$ 是一个无理数呢？让我们用反证法：假设 $\sqrt{2}$ 是有理数，也就是说 $\sqrt{2}$ 可以写成一个整数被另一个整数除，让我们把分子和分母所有的共同的因子都消掉，把 $\sqrt{2}$ 写成P/Q。那么 $2 = P^2/Q^2$ ，可以写成 $P^2 = 2Q^2$ ，因此，P^2是偶数，P也是偶数。因此，P^2被2除也是偶数，因此，Q^2也是偶数，Q也是偶数。但是，P和Q都是偶数，就和原来P和Q没有共同因子的条件冲突，归根究底，错误出在我们的假设把$\sqrt{2}$写成P/Q。

让我们用费马的无穷递降法来证明$\sqrt{2}$是无理数：假设$\sqrt{2} = \dfrac{P}{Q}$，如果我们将分子、分母同时乘上$\left(\dfrac{P}{Q} - 2\right)$，即为：

$$\sqrt{2} = \frac{P\left(\dfrac{P}{Q} - 1\right)}{Q\left(\dfrac{P}{Q} - 1\right)} = \frac{\dfrac{P^2}{Q} - P}{P - Q}$$

但是，$\sqrt{2} = \dfrac{P}{Q}$，也就是$2Q^2 = P^2$

所以，$\sqrt{2} = \dfrac{\dfrac{2Q^2}{Q} - P}{P - Q} = \dfrac{2Q - P}{P - Q}$

请注意，2P>2Q 和 2Q>P，因此 2Q-P<P 和 P-Q<Q，也就是我们找到了比原来的P和Q小的两个整数，而$\sqrt{2}$也可以写成这两个整数相除。重复这样做下去，我们达到一个不可能的结果，也就证明了原来的假设是错的。

其实，证明$\sqrt{2}$是一个无理数，也有十几二十个不同的方法，我要为大家讲一个不但很简单而且也是在1952年一个大学一年级学生想出来的。

我的目的还是和前面讲的一样，科学变化是日新月异的，几千年以前证明出来的结果还是有新的方法可以来证明，而且英雄出少年，大家也不要妄自菲薄。

首先，大家都很熟悉用"二进制数"（Binary Number）来代表任何整数的观念，一个二进制数是一连串的"0"和"1"。我们也可以用"三进位数"（Ternary Number）来代表任何整数，一个三进位数是一连串的"0"、"1"和"2"。让我们假设$\sqrt{2}$等于P/Q，也就是$2Q^2 = P^2$。当我们用三进位数来代表P时，如果P最后一个非零的数位是1，则P^2最后一个非零的数位必定是1，如果P最后一个非零的数位是2，则P^2最后一个非零的数位也必定是1；同样的理由，Q^2最后一个非零的数位也必定是1，因此$2Q^2$最后一个非零的数位一定是2。结论是$2Q^2$不可能等于P^2，也就证明了$\sqrt{2}$不是有理数。

费马最后的定理

　　在物理学里，电力和磁力原来被认为是两个独立的自然力量，到了18世纪以后，经由安培（Andre-Marie Ampere）、法拉第（Michael Faraday）、麦克斯韦（James Clerk Maxwell）的研究才发现两者之间有密切的互动关系，这也就是现代发电机和马达建造的基本原理。

　　在中学的几何课里，我们讨论直线、三角形、圆形、椭圆形、抛物线；在代数课里，我们讨论一元一次方程式、多元多次方程式；到了解析几何课，我们讨论几何和代数之间的关系。

　　微分方程、偏微方程是抽象的数学观念，可是却和空气流动、潮汐涨退的现象有密切的关系。

　　上面谈到的毕氏三元组，从 $a^2 + b^2 = c^2$ 这个关系开始，导出许多有趣的结果，这似乎纯粹是一个代数问题，但是多年以前中国和古希腊数学家也发现，任何一个直角三角形，如果它的两边长度是a和b，它的斜边的长度是c，那

么 $a^2 + b^2$ 一定会等于 c^2，这又是一个几何学的问题，代数和几何又碰头了。

我继续从毕氏三元组讲起：我们说一个毕氏三元组，a、b、c 满足 $a^2 + b^2 = c^2$ 这个关系，另外一个说法是在有三个未知数的代数方程式 $x^2 + y^2 = z^2$ 里，x＝a，y＝b，z＝c 就是这个方程式的一组正整数答案，而且我们知道有无穷大那么多组毕氏三元组，因此这个方程式有无穷大那么多组正整数答案。

这个例子的一个自然的延伸，也可以说是 17 世纪初数学家费马提出的，他首先深入研究提出的问题就是 $x^3 + y^3 = z^3$，$x^4 + y^4 = z^4$，一直到任何一个 n，$x^n + y^n = z^n$，这些方程式有没有正整数答案。

01 丢失的费马奇妙证明

费马是法国人，他在 1601 年出生。其实，他的本业是律师，只是业余的数学家，但是，他往往被称为最伟大的数学家。他一辈子只发表过一篇数学论文，幸好在他过世之后，他的儿子花了 5 年时间，整理了他许多有关数学的笔记和来往信件，汇集成册发表。

其中一个最重要的发现是费马在读丢番图那一系列的书时，他在书里一页的边缘写下一句话："任何一个正整数的三次方，不能写成两个正整数的三次方的和；任何一个正整数的四次方，不能写成两个正整数的四次方的和；推而广之，对 n>2，任何一个正整数的 n 次方，不能写成两个正整数的 n 次方的和。换句话说 $x^n + y^n = z^n$ 这个代数方程式，没有正整数答案。"

费马又加了一句话："我发现了一个奇妙无比的证明，可是书页边上的空白不足够让我把证明写下来。"可是，后来在他所有的文件里，都找不到这个证明，所以，千古疑问是：到底费马真的发现了一个奇妙无比的证明呢？还是他根本没有发现？还是他发现的证明是错的？

因此 "$x^n + y^n = z^n$，n ≥ 3，没有正整数答案" 这句话一直是一个猜想，直到 1994 年被完整地证明之后才能说是一个定理。不过，大家一直模糊地说这是 "费马的猜想" 或者 "费马最后的定理"，为什么大家将这个结果称为 "费马最后的定理" 呢？因为，在费马的手稿里，有许多没有完整证明的猜想，都先后一一被解决了，剩下来这个拖了 350 年才被证明的结果，也就被称为 "费马最后的定理"。

不过，费马倒的确证明了 n = 4 这个案例，也就是 $x^4 + y^4 = z^4$ 这个方程式没有正整数答案，费马用的方法就是前面提过，他发明的无穷递降法，那是一个非常有用、费马也很得意的反证法。

n = 3，也就是 $x^3 + y^3 = z^3$ 这个方程式没有正整数答案，这个案例是在费马以后差不多过了七八十年由瑞士籍的数学家欧拉（Leonhard Euler）证明的。当然我们不可能在这里讨论他的证明，不过，有一些有趣的故事倒可以顺便提一下。

欧拉证明的方法也是模仿费马的无穷递降法，不过，也加上许多微妙的巧思，特别是这表面是一道有关正整数的题目，欧拉带进了虚数和复数的观念来证明这个结果。其实，欧拉原来的证明里有一个不算小的错误，后来被修补过来。欧拉被公认为数学史上最伟大的数学家之一，可见，即使最伟大的数学家也难免有疏忽的地方。

自从费马在他的手稿里想出这个问题之后，经过七八十年的时间，基本上只有 $n=3$ 和 $n=4$ 两个案例被解决了，而我们有无穷大那么多个案例要处理。

当然，只要我们能够证明 n 等于任何质数，"费马的猜想"是对的话，也就够了，因为如果任何质数 n，$x^n + y^n = z^n$ 没有正整数答案，那么任何合成数 n（Composite Number）也不会有答案，但是我们还是有无穷大那么多个质数要处理呀！

02 来自女数学家杰曼的启示

能够比较全面来看这个题目，向前跨出重要一大步的是

18世纪末期的法国数学家杰曼（Sophie Germain）的贡献。

杰曼观察到一个特例：当n是一个质数，而同时2n＋1也是一个质数时（例如：n＝5，2n＋1＝11，5和11都是质数，n＝23，2n＋1＝47，23和47都是质数），如果x^n＋y^n＝z^n有正整数答案的话，这个答案必须满足"x、y、z里，顶多只有一个能够被n除尽"这个条件；这个条件可以帮忙消除许多不需要考虑的可能。

从这里出发，有两位数学家同时解决了n＝5这个案例；后来又有一位数学家解决了n＝7这个案例，接下来许多n<100的质数的案例也先后被解决了。

讲到这里，我打个岔，杰曼是一位女性数学家，她甚至被称为历史上最杰出的女性数学家，而且，她在物理学上也有重要的贡献，可是因为那时候科学界对女性的歧见，加上她内向的个性，当她要把研究结果寄给高斯（Carl Friedrich Gauss）请教时，她用了假名"白先生"（Monsieur Le Blanc）来掩饰她的身份。她和高斯信件来往的讨论，启发了许多她在"费马的猜想"方面的研究工作。

可是高斯本人对"费马的猜想"并没有兴趣，当他的好朋友告诉他有关解决"费马的猜想"的大奖时，高斯的回应是"我对这个孤立的题目没有多大兴趣，我相信自己也可以提出若干同样没有人能够证明是对还是不对的题目"。

当然高斯有他的见地和理由，但是如果我们狭义地解

释他这句话：这样一位大师也有见木不见林的时候，把
"费马的猜想"看成一个孤立的题目，而没有把它看成一个
可以策动数学里许多新的观念和方法的题目。

不过，杰曼的身份后来还是在高斯面前暴露了。1806
年拿破仑的军队进攻德国，逐一占据许多德国的城市，杰
曼担心高斯的安全，特别写了一封信给她认识的一位法国
将军，请他保护高斯生命的安全。这位将军告诉高斯他是
受杰曼小姐之托的时候，高斯觉得很讶异，他从来没有听
过杰曼小姐这个名字，事到如此，杰曼只好向高斯坦白。
高斯不但没有生气，而且给她写了一封充满了赞美的信。
他说："能够领悟和体会抽象的科学，特别是充满了神祕的
数字，是十分罕见的，只有那些有勇气去做深入探讨的人，
才能展现出数学里面引人入胜的魅力。由于我们的传统和
偏见，如果一位女性想要熟悉和了解棘手的研究内容，超
越重重的障碍和深入地钻研冷僻的东西，她一定会碰到比
男性更多的困难。因此，她毫无疑问具有最崇高的勇气，
异常的才华和过人的天分。"

杰曼的结果为解决"费马的猜想"的研究带来一股动
力。某某人用某种方法解决了"费马的猜想"的传言、传
说纷纭。

1847年3月1日，法国科学院里有一场充满戏剧性的
学术会议。有名的数学家拉梅（Gabriel Lame）在早几年

前解决了 n = 7 这个案例，宣布说已经非常接近解决"费马的猜想"了。虽然他目前的证明尚未完整，但是他叙述了研究大纲，并且预告在几个礼拜之内就可以发表他完整的证明。

当拉梅震撼全场的演说结束之后，另一位有名的数学家柯西（Augustin-Louis Cauchy），马上上台宣布他也沿着和拉梅相似的思路做研究，并且在短期之内将会发表完整的证明。

显然的，他们两位是和时间赛跑，按照当时的习惯，三个礼拜之后，他们各自把结果放在密封的信封里，送到科学院去，作为将来可能对优先权有所争议的证据。当然大家都想知道"费马的猜想"是不是的确被证明了，也想知道到底拉梅和柯西哪个是赢家。到了 5 月 24 日那天，拉梅和柯西都没有登台，主席宣读了德国数学家库默尔（Ernst Kummer）的信，他指出拉梅和柯西的证明都犯了不可补救的错误，当他们把正整数做因式分解时，只考虑正整数的因子，却忽略了正整数也可以有复数的因子。

这又是大数学家也可能有疏忽的地方的例子。这不正是"虚则实之，实则虚之"这句话吗？

大约 300 年以来，"费马的猜想"许多案例都先后被解决了，到了 1950 年代，有了计算机来帮助进行高速的计算，在 1954 年，n = 2521 以下的案例都被解决了。到了 1980 年代，n＝125,000以下的案例也都被解决了。到了1993年，n＝4,000,000以下的案例都被解决了。

但是这都无法确定"费马的猜想"到底是对还是错？

首先，即使计算机演算的速度非常高，我们也不能只靠"蛮力"来解决一个案例，因为对一个固定的n，还是有无穷大那么多个可能的x、y、z，因此，还是必须靠若干个数学上找出来的条件，把无穷大的演算变成有限的演算。再者，用电脑来逐一解决案例，只能说在这些案例里都没有找到反例，我们既不能说"费马的猜想"是错的，也不能从4,000,000个案例下结论说"费马的猜想"是对的。

多年来许多数学家，包括许多所谓业余的数学家，都尝试全面地解决"费马的猜想"，有人说错误的证明的数目，可能在一千个以上。

等到1994年，"费马的猜想"终于由普林斯顿大学的数学教授怀尔斯（AndrewWiles）证实了。

03 谷山丰、志村五郎的关键性猜想

要讲怀尔斯怎样证明"费马的猜想"，我们得从两位日本数学家谷山丰（Yutaka Taniyama）和志村五郎（Goro Shimura）的猜想谈起。

这个猜想通常被称为Taniyama–Shimura猜想"。

谷山丰和志村五郎是1950年代初期在东京大学任教的两位年轻数学家。二次大战以后，日本正处于复苏阶段，年轻的数学家往往只靠自己的努力和彼此之间的切磋获取新知以求进步。1955年在东京举行的国际数学会议上，他们提出一个猜想，这个猜想认为在数学上有两种似乎是不大相关的函数，是有密切关联的。

我用一个简单的比喻来说明这个猜想。地面上有无穷大那么多根小草，天空中有无穷大那么多颗星星，谷山丰和志村五郎的猜想说：每根小草都有一颗对应的星星，每根小草有它的DNA，每颗星星有它的DNA，每根小草和它相对应的星星的DNA是完全一致的；不过，不同的小草可能有相同的DNA，因此也有相同的对应的星星。换句话说，按照谷山丰和志村五郎的猜想，如果有人告诉你，他有一根小草，但是这根小草没有对应的星星，那么他是在骗你，这根小草是不可能存在的。

当然，在谷山丰和志村五郎的猜想里讲的不是小草和星星，而是数学里的两种函数，一种是"椭圆曲线"（Elliptic Curves），它的DNA是一连串正整数，叫作它的L-series；另一种是"模形式"（Modular Forms），它的DNA也是一连串的正整数，叫作它的M-series。

谷山丰和志村五郎的猜想说：每一条椭圆曲线有一个对应的模形式，这条椭圆曲线的L-series和对应的模形式的 M-series 是一致的。简单地说，他们都是有两个复数变量的函数。

椭圆曲线和模形式都不是崭新的数学观念，远在大约公元200年，前面讲过的希腊数学家丢番图已经对椭圆曲线做了相当多的探讨，模形式的研究在19世纪初期，也已经相当深入了。但是经由谷山丰和志村五郎的猜想，把这两种函数连起来，倒是一个石破天惊的想法。谷山丰和志村五郎的猜想就象是一座桥，将数学里的两个似乎是不相连的孤岛连接起来。在花花草草的世界里，大家讲的是一种语言、技巧和结果，在星星月亮的世界里，大家讲的是另一种语言、技巧和结果，谷山丰和志村五郎的猜想就可以扮演翻译、沟通互相辅助的角色。

很不幸地，1958年在看到他的猜想被证实以前，谷山丰毫无预兆地自杀身亡了。从1960年代开始，许多数学家都想证实谷山丰和志村五郎的猜想，虽然很多例证都支持这个猜想，却没有人能够把这个猜想完全证明出来。

1984年德国数学家傅莱（Gerhard Frey）提出一条重要的思路，把"费马的猜想"和谷山丰和志村五郎的猜想连起来。他说：如果"费马的猜想"是错的话，换句话说，如果我们可以找到x、y、z和n，满足$x^n + y^n = z^n$这个方程式，那么我们就可以找到一条椭圆曲线，这条椭圆曲线是没有对应的模形式的。那就是说谷山丰和志村五郎的猜想是错误的了。反过来，如果谷山丰和志村五郎的猜想是对的，这条椭圆曲线就不可能存在，那么"费马的猜想"就是对的了。换句话说，只要能够证明谷山丰和志村五郎的猜想就等于证明了"费马的猜想"。

傅莱的思路很明显非常重要和令人兴奋，但是，在数学上的论述是有瑕疵的，因此，后来被修正为一个猜想，叫做"epsilon猜想"。虽然许多数学家都马上尝试要证明这个结果，可是，过了一年多，没有人成功，其中有一位是伯克利大学的数学教授瑞贝（Ken Ribet），他有一个认为似乎可行的想法，可是经过不断努力，始终没有走通。在一个数学大会上，他将想法告诉他的好朋友哈佛大学的梅舒教授（Barry Mazur）。梅舒听了之后，大惑不解地说："你不是已经把结果证明出来了吗？只要在你的证明里，补充加上一个gamma-zero of（M）structure，就水到渠成了。"

瑞贝在回忆录里说：他看看梅舒，看看自己那杯咖啡，回看梅舒，那是他数学研究的生命过程中，最美好的一刻。一位大师看出一条重要的思路，其中却有不完整的瑕疵；另一位大师努力了18个月，却被一个小小的盲点挡住了；又有一位大师灵光一现，一语道出了玄机，点铁成金。这就是科学研究里，神妙和美妙的地方。

傅莱和瑞贝的结果，指出证明"费马的猜想"的一条路，就是证明谷山丰和志村五郎的猜想，但是那看起来可不是一件简单的事。

04 时隔350年怀尔斯终于证明了费马定理

怀尔斯是普林斯顿大学的数学教授，在英国出生。他10岁时，在图书馆看到一本有关数学的书里提到"费马的猜想"，当时他认为题目是那么简单浅显，一定要尝试解决这道题目。他在牛津大学拿到学士学位，在剑桥大学拿到博士学位，他的博士论文就是有关椭圆函数的研究。

当他在1986年听到瑞贝的结论时，就决定要经由证明谷山丰和志村五郎的猜想来证明"费马的猜想"。

怀尔斯花了差不多一年多的时间，深入地细读和了解所有椭圆曲线和模形式相关的文献，他抛开一切与这个研究题目无关的杂事，也不出现在校外的学术会议上。虽然他没有忽略教授大学部课程的责任。这的确是无比的决心和庞大心力的投入。

怀尔斯埋首苦读，而且决定一个人单独进行这项研究工作，不但不和别人讨论，甚至也不告诉别人他新选择的研究题目，而且为避免启人疑窦，他还把目前已经大致完成的研究工作，分成几篇论文，每隔几个月发表一篇，让大家以为他的研究工作还是照旧如常进行。唯一知道他这个秘密的是他的夫人娜达（Nada）。

大约两年后，1988年3月8日，*New York Times* 刊登了一个令怀尔斯震惊的消息，在德国的日本数学家宫冈洋一（Yoichi Miyaoka）证明了"费马的猜想"：1983年德国数学家法尔廷斯（Gerd Faltings）用微分几何的方法，证明 $x^n + y^n = z^n$ 这个方程式，顶多只可能有有限个而不会有无穷大个正整数答案，宫冈洋一的工作就是更进一步证明不只是有限个而是0个答案。可惜的是宫冈洋一在研究过程中发现的一些结果是有瑕疵的。怀尔斯还是继续努力下去。

经过三年的努力，怀尔斯的研究工作一方面获得了相当多的进展，另一方面却也无法突破某些困境，他想到在研究生时期学过的"Iwasawa理论"，希望这个理论可以帮助解决他的问题，可是经过一年多的尝试还是徒劳无功。这时他从他的博士论文指导老师那里听到一个叫做"Flach-Kolyvagin"的方法，怀尔斯认为这个方法可以经过修改用来解决他的问题，他又花了好几个月的时间吸收新方法，应用在他的问题上。

自从1986年开始，在这段时间之内，怀尔斯的两个小孩先后出生，他说自己唯一放轻松的方法就是和他的小孩在一起，他们对"费马的猜想"不感兴趣，他们只要听童话故事——经过长达6年的努力，怀尔斯觉得成功已经在望，他也觉得必须找一个对Flach-Kolyvagin方法尤其了解的专家检验他的证明。他找到他在普林斯顿大学数学系的同事卡茨（Nick Katz），他希望卡茨能够帮忙，并且也要求卡茨绝对保密。经过商量之后，他们决定由怀尔斯开一门研究所的课，详细地解释他所使用的计算方法。卡茨会和研究生一起坐在课堂里听课，这门课的名字是"有关椭圆方程式的计算方法"，既没有提到"费马的猜想"，也没有提到谷山丰和志村五郎的猜想，因此也没有人会猜出这些计算的目的何在。但是，这些计算确实是非常复杂繁重，班上的研究生一个一个都先后跑掉了，最后只剩下怀尔斯在台上讲，卡茨在台下听。不过，全部讲完之后，卡茨认为这个计算方法是正确的。

这门课结束后，怀尔斯竭尽全力逐步完成他的计算。他回忆说，1993年5月底，当他面临最后一个障碍时，他不经意地看到书桌上一篇论文里的一句话，让他豁然开朗。那是下午5点钟，他完全忘了吃中饭，他走下楼告诉他的夫人娜达，我把费马的问题解决了。那篇论文的作者正是梅舒（Barry Mazur），也是他的一句话帮助瑞贝将"费马的猜想"和谷山丰和志村五郎的猜想画上等号。

1993年6月，在剑桥大学的Isaac Newton Institute有一场数学研讨会，大会为怀尔斯预留了三个演讲时段。开会之前的两个礼拜，怀尔斯就提前到达剑桥，在这个领域的大师——包括哈佛大学的梅舒和伯克利大学的瑞贝一面前婉转地暗示，他会在研讨会上报告一个重要的结果。"怀尔斯证明了'费马的猜想'"的传说不胫而走了，尤其当他报告完两场之后，他第三场报告的结论就愈来愈明显了。怀尔斯的第三场报告，许多大师们都提早到场占据前排的位置，会场中充满了紧张期待的气氛。怀尔斯的报告里，有许多精彩的数学观念，当他把观念讲完之后，他在黑板上写下费马的定理：$n \geqslant 3$，$x^n + y^n = z^n$，没有正整数答案，然后说："我想我就在此打住吧！"顿时，全场掌声雷动。

按照科学研究的惯例，怀尔斯在宣布他的结果之后，就把论文送到期刊发表。期刊主编为了郑重起见，破例把两三位审稿人增加到6位审稿人，他们把200页的论文分成6章，每人一章，其中第三章的审稿人正是怀尔斯在普林斯顿的同事卡茨。

卡茨已经在怀尔斯的课堂上听过他的解释，可是，经过一个夏天的仔细阅读，1993年8月时，卡茨发现了一个他以前未注意到的问题，怀尔斯所用的方法并不见得在每一个案例中都行得通。但是这并不表示怀尔斯的证明是错的，可是却是不完整。起初，怀尔斯以为他可以在外界得知之前，将这似乎是小小的缺失弥补过来，可是到了10月，他还是没有成功。

按照惯例，审稿人对一篇尚未发表的论文，必须保密，因此，原则上除了这6位审稿人外，外界是不会知道这些事情的。但是，同年11月，怀尔斯的证明有漏洞的传言就满天飞了，到了1993年12月底，怀尔斯发了一个电子邮件，表示他的证明里有一个无法完全解决的问题，并说目前不宜把论文稿公开，也乐观地说希望在1994年2月开学前，可以把整个事情弄清楚。

怀尔斯决定不把论文稿公开是有他的理由的；他知道一旦把论文稿公开，就会有许多人缠着要他解释其中许多细节，他会因此大大分心。同时，他也知道万一别人替他把这个缺失补正了，别人就可以对这份功劳和荣誉分一杯羹了。

经过半年的努力，怀尔斯还是无法将漏洞补起来，他听从了一位同事的建议，把他以前的一位博士生泰勒（Richard Taylor）请到普林斯顿大学来帮忙，小心检验他用的Flach-Kolyvagin方法。可是，从1994年1月开始，直到夏天都快结束了，他们还是没有成功，怀尔斯已经准备放弃了，泰勒说反正我会留在普林斯顿到9月底，让我们再努力一个月吧！

按照怀尔斯自己的回忆：1994年9月某个星期一的早上，我坐在书桌前，反复思考我用的Flach-Kolyvagin方法，我想我至少要了解为什么这个方法行不通，突然间，我有一个启示，虽然这个方法不能完全解决我的问题，但是正好解决了3年前用Iwasawa理论解决不了的那一部分。换句话说，这两个方法单独使用都不能全面解决问题，可是这两个方法正好互补起来，就可以把整个题目解决了。

1994年10月，怀尔斯把两篇论文的文稿送出去，一篇长的是他自己的论文，一篇短的是他和泰勒合作的论文。这篇论文补充了第一篇论文里一个重要的步骤。

这是何等戏剧性，更是何等感人的故事！一道350年的古老难题终于得到解决了！

"费马最后的定理"很有趣的延伸：

我们已经知道 $x^3 + y^3 = z^3$，没有正整数的答案，也就是说2个正整数的3次方加起来不可能等于另外一个正整数的3次方，那么 $x^4 + y^4 + u^4 = z^4$，有没有正整数答案呢？也就是说3个正整数的4次方加起来等于一个正整数的4次方，可不可能呢？那么 $x^5 + y^5 + u^5 + v^5 = z^5$，有没有正整数答案呢？也就是4个正整数的5次方加起来等于另外一个正整数的5次方，可不可能呢？

推而广之，$n-1$ 个正整数的n次方加起来等于另外一个正整数的n次方，可不可能呢？

欧拉的猜测是不可能的。

对 $n=4$ 和 $n=5$ 这两个案例，欧拉错了：

$$95800^4 + 217519^4 + 414560^4 = 422481^4$$
$$27^5 + 84^5 + 110^5 + 133^5 = 144^5$$

我想我们就此打住吧！